化工原理实验
（第二版）

主　编　孙　德　徐冬梅　刘慧君
副主编　梁宏伟　赵金和　高玉红
　　　　牟　莉　陈怀春
参　编　张桂英　李　鑫　赵　凌
　　　　王运华
主　审　杜长海

华中科技大学出版社
中国·武汉

内 容 提 要

本书为全国普通高等院校工科化学规划精品教材,由长春工业大学、山东科技大学、南华大学、吉林大学、百色学院、邯郸学院、长春大学、青岛农业大学、河南农业大学、安阳工学院、石河子大学等多所院校长期工作在教学第一线的教师,根据多年教学实践,参考国内外同类教材编写而成。全书分四大部分,包括实验基础知识、化工基础实验、演示性实验、研究创新型实验。

本书可作为普通高等院校化工类及相关专业本科生化工原理实验教材或参考教材,也可供从事化学、化工、环境、制药、生物、食品、材料等专业工程技术人员参考。

图书在版编目(CIP)数据

化工原理实验/孙德,徐冬梅,刘慧君主编.—2版.—武汉:华中科技大学出版社,2016.12
(2022.1重印)
全国普通高等院校工科化学规划精品教材
ISBN 978-7-5680-2312-2

Ⅰ.①化… Ⅱ.①孙… ②徐… ③刘… Ⅲ.化工原理-实验-高等学校-教材 Ⅳ.TQ02-33

中国版本图书馆 CIP 数据核字(2016)第 258757 号

化工原理实验(第二版)   孙　德　徐冬梅　刘慧君　主编
Huagong Yuanli Shiyan

策划编辑:王新华
责任编辑:王新华
封面设计:秦　茹
责任校对:张　琳
责任监印:周治超
出版发行:华中科技大学出版社(中国·武汉)   电话:(027)81321913
　　　　　武汉市东湖新技术开发区华工科技园   邮编:430223
录　　排:华中科技大学惠友文印中心
印　　刷:武汉科源印刷设计有限公司
开　　本:710mm×1000mm　1/16
印　　张:11
字　　数:220千字
版　　次:2010年7月第1版　2022年1月第2版第3次印刷
定　　价:24.00元

前　言

化工原理实验是化工类专业的化工基础实验课。作为一门重要的实践性课程,其任务是培养学生掌握基础化工实验研究方法及技术。具体来说,本课程应达到以下几个方面的教学要求:

(1) 在学习化工原理课程的基础上,进一步了解和掌握一些比较典型的已被或将被广泛应用的化工过程与设备的原理和操作;

(2) 进行化工实验基本技能的训练,学习化工实验的基本方法和测量技术,提高动手能力和从事化工科学实验研究的能力;

(3) 培养理论联系实际的学风,运用所学的化工原理等化工基础理论知识,去解决在实验中遇到的各种问题,并且学习如何通过实验获得新的知识和信息;

(4) 培养观察问题、分析问题、解决问题的能力以及团队合作精神;

(5) 培养实事求是的科学作风和科学的思维方法、科学态度;

(6) 培养独立思考能力、独立工作能力和创新能力。

本书内容共分为四大部分。

第一部分为实验基础知识,包括工程实验研究方法论、化工原理实验基本要求、实验误差分析及数据处理、常用化工实验参数的测量仪表与测量方法。

第二部分为化工基础实验,以化工单元操作实验研究中常用的基础实验技术为主要内容,共选择了十一个实验,分别为流体流动阻力实验、流量计性能测定实验、离心泵性能测定实验、过滤实验、搅拌实验、传热实验、精馏实验、吸收实验、干燥实验、液-液萃取实验、二元气液相平衡数据测定实验。这些实验以配合化工原理课程教学,训练学生基本实验技术和技能为目的,使学生加深对所学理论知识的理解,同时注重培养学生工程意识和团队合作精神。

第三部分为演示性实验,包括伯努利方程实验、雷诺实验、旋风分离器实验、电除尘实验、热边界层实验及筛板塔演示实验,以供学生观察相关实验现象,加深对相关原理的理解。

第四部分为研究创新型实验,分别为反应精馏实验、超临界萃取实验、膜分离实验、分子蒸馏实验。本部分实验内容为化工新型分离技术,以扩大学生知识面、启发创新意识为目的来培养学生创新能力,可供有科研兴趣的同学选做。

本书内容强调实践性,注重工程意识,做到"四个结合":验证化工原理基本理论与掌握实验研究方法,提高分析和解决问题的能力相结合;单一验证性实验与综合性、设计性实验,培养学生综合处理问题的能力相结合;传统的实验方法与现代的实验方法相结合;完成实验教学基本内容与拓宽加深实验教学内容和方法,培养创新意识、创新能力相结合。

　　本书由长春工业大学、山东科技大学、南华大学、吉林大学、百色学院、邯郸学院、长春大学、青岛农业大学、河南农业大学、安阳工学院、石河子大学等院校老师共同编写,长春工业大学孙德、山东科技大学徐冬梅、南华大学刘慧君主编,长春工业大学杜长海主审。参加本书编写的有:长春工业大学孙德,山东科技大学徐冬梅、张桂英,南华大学刘慧君,吉林大学梁宏伟,百色学院赵金和,邯郸学院高玉红,长春大学牟莉,青岛农业大学陈怀春,河南农业大学李鑫,安阳工学院赵凌,石河子大学王运华。

　　在本书编写过程中,参考了国内外公开出版的同类教材,山东科技大学、长春工业大学等校领导给予了大力支持,在此一并表示衷心感谢。在成书过程中,还得到了长春工业大学教务处的专题立项资助,特此致谢。

　　由于编者的学识和经验有限,书中难免存在不妥之处,敬请读者批评指正。

编　者

目　　录

第一部分　实验基础知识

第 1 章　工程实验研究方法 ································· （1）

　1.1　直接实验法 ····································· （1）

　1.2　因次分析法 ····································· （1）

　1.3　数学模型法 ····································· （8）

第 2 章　化工原理实验基本要求 ························· （13）

　2.1　实验预习 ······································· （13）

　2.2　实验操作 ······································· （14）

　2.3　实验报告撰写 ··································· （15）

第 3 章　实验误差分析及数据处理 ····················· （17）

　3.1　误差分析 ······································· （17）

　3.2　实验数据处理 ··································· （22）

　3.3　实验数据的回归分析 ····························· （32）

　3.4　实验数据的计算机处理 ························· （36）

第 4 章　常用化工实验参数的测量仪表与测量方法 ········ （42）

　4.1　压力（差）的测量 ······························· （42）

　4.2　流速与流量的测量 ······························· （49）

　4.3　温度的测量 ····································· （58）

　4.4　成分分析 ······································· （63）

第二部分　化工基础实验

实验一　流体流动阻力实验 ····························· （69）

实验二　流量计性能测定实验 ··························· （73）

实验三　离心泵性能测定实验 ··························· （76）

实验四　过滤实验 ····································· （79）

实验五　搅拌实验 ····································· （86）

实验六　传热实验 ····································· （89）

实验七　精馏实验 ····································· （99）

实验八　吸收实验……………………………………………………(106)

实验九　干燥实验……………………………………………………(117)

实验十　液-液萃取实验………………………………………………(125)

实验十一　二元气液相平衡数据测定实验…………………………(128)

第三部分　演示性实验

实验一　伯努利方程实验……………………………………………(131)

实验二　雷诺实验……………………………………………………(133)

实验三　旋风分离器实验……………………………………………(135)

实验四　电除尘实验…………………………………………………(136)

实验五　热边界层实验………………………………………………(137)

实验六　板式塔演示实验……………………………………………(139)

第四部分　研究创新型实验

实验一　反应精馏实验………………………………………………(142)

实验二　超临界萃取实验……………………………………………(145)

实验三　膜分离实验…………………………………………………(148)

实验四　分子蒸馏实验………………………………………………(152)

附录……………………………………………………………………(156)

附录 A　$p=101.3$ kPa 时乙醇溶液的物理常数(摘要)……………(156)

附录 B　$p=1.013$ kPa 下乙醇蒸气的密度及比容(摘要)…………(157)

附录 C　乙醇-水溶液气液平衡数据($p=101.325$ kPa)……………(157)

附录 D　氨的平衡浓度………………………………………………(160)

附录 E　液相浓度 5% 以下氨水溶液的亨利系数与温度关系………(161)

附录 F　氨的亨利系数………………………………………………(161)

附录 G　苯甲酸在水和煤油中的平衡浓度…………………………(161)

附录 H　铜-康铜热电偶分度表………………………………………(162)

附录 I　镍铬-康铜热电偶分度表……………………………………(164)

参考文献………………………………………………………………(168)

第一部分　实验基础知识

第1章　工程实验研究方法

工程实验不同于基础课程的实验,后者采用的方法是理论的、严密的,研究的对象通常是简单的、基本的,甚至是理想的,而工程实验面对的是复杂的实验问题和工程问题。对象不同,实验研究方法必然不一样,工程实验的困难在于变量多,涉及的物料千变万化,设备大小悬殊,困难可想而知。化学工程学科,如同其他工程学科一样,除了生产经验总结以外,实验研究是学科建立和发展的重要基础。多年来,化工原理实验在发展过程中形成的研究方法主要有直接实验法、因次分析法和数学模型法三种。

1.1　直接实验法

直接实验法是一种解决工程实际问题的最基本的方法,对特定的工程问题直接进行实验测定,所得到的结果较为可靠,但它往往只能适用条件相同的情况,具有较大的局限性,工作量大且烦琐。例如,过滤某种物料,已知滤浆的浓度,在某一恒压条件下,直接进行过滤实验,测定过滤时间和所得滤液量,根据过滤时间和所得滤液量二者之间的关系,可以作出该物料在某一压力下的过滤曲线。但如果滤浆浓度改变或过滤压力改变,所得过滤曲线就有所不同。

对于一个多变量影响的工程问题,要通过实验研究过程的规律,往往首先要规划实验,以减少工作量,并做到由此及彼、由小到大,使得到的结果具有一定的普遍性。

1.2　因次分析法

因次分析法是化工原理实验广泛使用的一种研究方法。

1.2.1　因次、基本因次、导出因次及无因次量

因次(又称量纲)就是物理量单位的种类。例如,长度可以用米、厘米、尺等不同的单位测量,但这些单位均属于同一类,即长度类,所以测量长度的单位具有同一因次,以 L 表示。其他物理量,如时间、速度、加速度、密度、力、温度等也具有不同种类的因次。

在力学中常取长度、时间及质量(或者力)这三种量为基本量。它们的因次相应地以 L、T、M(或 F)表示,称为基本因次。其他力学量可由这三种量通过某种公式导出,称为导出量,它们的因次则称为导出因次。导出量的因次既然是由基本因次经公式推导而出,那么它必然由基本因次组成,一般可以把它写为各基本因次的幂指数乘积的形式。例如,某导出量 Q 的因次为 $\dim Q = M^a L^b T^c$,这里,指数 a、b、c 为常数。几种常见的因次导出如下。

面积 A:面积是两个长度的乘积,所以它的因次就是两个长度因次相乘,即长度因次的平方,$\dim A = L \cdot L = L^2$。写为一般形式为 $A = M^a L^b T^c$,其中 $a = c = 0$,$b = 2$。同理可得体积 V 的因次为 $V = L^3$。

速度 u:定义为距离对时间的导数,即 $u = \dfrac{\mathrm{d}s}{\mathrm{d}t}$,它是当 $\Delta t \to 0$ 时,$\dfrac{\Delta s}{\Delta t}$ 的极限。长度增量 Δs 的因次仍为 L,而时间增量 Δt 的因次为 T。因此,速度的因次为

$$u = L/T = M^0 L T^{-1}$$

加速度 a:定义为 $\dfrac{\mathrm{d}u}{\mathrm{d}t}$,具有 $\dfrac{\Delta u}{\Delta t}$ 的因次,即

$$a = \frac{LT^{-1}}{T} = LT^{-2}$$

力 F:由方程 $F = ma$ 定义,所以 F 的因次为质量因次和加速度因次之乘积,即

$$F = MLT^{-2}$$

应力 σ:定义为 F/A,所以应力的因次为力 F 的因次除以面积 A 的因次,即

$$\sigma = \frac{MLT^{-2}}{L^2} = ML^{-1}T^{-2}$$

速度梯度:按定义应为速度 u 的因次除以长度 L 的因次,即

$$LT^{-1}/L = T^{-1}$$

黏度 μ:按牛顿黏性定律,μ 的因次应为切应力除以速度梯度的因次,即

$$\mu = ML^{-1}T^{-2}/T^{-1} = ML^{-1}T^{-1}$$

以上的讨论都是取 L、M、T 为基本因次的,但是也可以取力 F 作为基本因次,这样,以上各量的因次就不同了。例如,黏度 $\mu = FL^{-2}T$,而质量的因次成为导出因次,即 $M = FL^{-1}T^2$。

根据同样的方法可以导出常见力学量的因次。

由上述可见,一个量的因次没有绝对的表示方法,因为它取决于基本因次如何选择。导出因次和基本因次并无本质上的区别,但要指出的一点是,在 L、T、M、F 四个因次中,仅能选择三个作为独立的基本因次,另一个因次则由 $F=ma$ 导出。

某些物理量的因次的指数可以为零,因此成为无因次量。一个无因次量可以通过几个有因次量乘除组合而成,只要组合的结果是各个基本因次的指数为零即可。例如,反映流体流动状况的特征数——雷诺数 $Re=\dfrac{du\rho}{\mu}$,其中各物理量的因次(以 M、L、T 为基本因次)如下:速度 u 因次为 LT^{-1};管径 d 因次为 L;密度 ρ 因次为 ML^{-3};黏度 μ 因次为 $ML^{-1}T^{-1}$。

将上述各量的因次分别代入 Re 的表达式中,得

$$\dim Re=\dim\frac{du\rho}{\mu}=\frac{LT^{-1}LML^{-3}}{ML^{-1}T^{-1}}=M^0L^0T^0$$

注意因次和单位是不同的。因次是指物理量的种类,而单位则是比较同一物理量大小所采用的标准。同一因次可以有不同种单位,同一物理量采用不同的单位,其数值不同。如长度为 3 米,可以说是 300 厘米或 0.003 千米,但其因次不变,仍为 L。因次不涉及量的方面,不论这一长度是 3 还是 300 或是 0.003,也不论其单位是什么,它仅表示量的物理性质。

1.2.2 物理量的组合,物理方程的因次一致性

我们知道,不同种类的物理量之间不能相加减,不能列等式,也不能比较它们的大小。例如,速度可以和速度相加,但决不可以加上黏度或压力。当然不同单位的同类量是可以相加的,例如 3 寸加上 5 厘米,仍为某一长度,只要把其中一个单位稍加换算即可。

既然不同种类的物理量(因次不同)不能相加减,也不可相等,那么反之,能够相加减和列入同一等式中的各项物理量,必然有相同的因次。也就是说,一个物理方程,只要它是根据基本原理进行数学推演而得到的,那么它的各项在因次上必然是一致的,这叫做物理方程的因次一致性(或均匀性),这种方程称为完全方程。

例如,在物理学中质点运动学有自由落体运动公式

$$S = u_0t+\frac{1}{2}gt^2$$

检验它的各项因次是否一致。等号左边 S 代表距离,因次为 L;右边第一项 u_0t 为质点在时间 t 内以速度 u_0 所经过的距离,因次为 $\dfrac{L}{T}T=L$;右边第二项 $\dfrac{1}{2}gt^2$,是时间 t 内由于加速度 g 所经过的附加距离,因次为 $\dfrac{L}{T^2}T^2=L$。因此,方程的三项都具有同样的因次 L,因次是一致的。

"由理论推导而得出的物理方程必然是因次一致的方程"这一结论非常重要，它是因次分析法的理论基础。

事实上，从化工原理各章节推导基本公式的过程就可以更好地理解这一点。例如，推导连续方程时，取一体积微元，分析在微小时段流进这一体积的质量及从这一体积流出的质量，求出二者之差(仍是质量)，然后分析该体积内的质量变化。根据质量守恒原理，它应与进出该体积质量的差相等。可见，整个推导过程中，始终是质量之差、质量变化及质量相等。这就是说，推导过程中已经保证了它的因次一致性。又如欧拉方程，它是分析微元体积上的受力——压力、重力、"惯性力"，然后列成等式而形成的。实际上就是使所有外力之和等于"惯性力"，这里是"力"和"力"相加减和相等的关系。对于能量方程，则是"功"和"能"的相加减和相等的关系。其他方程也是如此。由此可见，所谓一个物理方程的推导过程，无非是找出一些同类量的不同形式，根据其中原理把它们列成等式的过程。

当然，也有一些方程是因次不一致的，这就是没有理论原则指导，纯粹根据观察所得的公式，即所谓经验公式。这种公式中各个变量采用的单位是有一定限制的，并有所说明。如果用的不是所说明的那个单位，那么方程中出现的常数必须作相应的改变。这一点正是它和因次一致方程的区别所在。不过应当指出，任何经验公式，只要引入一个有因次的常量，就可以使它的因次一致。

1.2.3　π定理及因次分析

根据白金汉(Buckingham)的π定理，如果在某一物理现象中有几个独立自变量 $x_1, x_2, \cdots, x_n$，因变量 y 可以用因次一致的关系来表示，即

$$y = F(x_1, x_2, \cdots, x_n)$$

或

$$f(y, x_1, x_2, \cdots, x_n) = 0$$

那么由于方程中各项因次是一致的，函数 f 与其作为 n 个独立变量 x 间的关系，不如改为函数 f 与 $(n-m)$ 个独立的无因次参数 π(可以看做一组新的变量)间的关系。因后者所包含的变量数目较前者减少了 m 个，而且是无因次的。π定理可以从数学上得到证明，此处从略。下面首先阐明应用π定理进行因次分析的步骤，然后举一实例说明。

应用π定理进行因次分析的具体步骤如下。

(1)确定对所研究的物理现象有影响的独立变量，设共有 n 个：$x_1, x_2, \cdots, x_n$，写出一般函数表达式

$$f(x_1, x_2, \cdots, x_n) = 0$$

这一点要求对该物理过程有充分的认识。

(2)选择 n 个变量所涉及的基本因次。对于力学问题，可能是 M、L、T(或 F、L、T)的全部或者其中任意选两个。

（3）用基本因次表示所有各变量的因次。

（4）在 n 个变量中选择 m 个变量作为基本变量（m 一般等于这 n 个变量所涉及的基本因次的数目,对于力学问题,m 一般不大于 3）,条件是它们的因次应能包括 n 个变量中所有的基本因次,并且它们是互相独立的,即一个变量不能由另外几个变量导出。通常选一个代表某一尺寸的量,一个表征运动的量,另一个则是与力和质量有关的量。

（5）列出无因次参数 π。根据 π 定理,可以构成 $(n-m)$ 个无因次参数 π。它的一般形式可以表示为

$$\pi_i = x_i x_A^a x_B^b x_C^c$$

式中:x_i——除去已选择的 m 个基本变量 x_A、x_B、x_C 以后所余下的 $(n-m)$ 个变量中的任何一个。a、b、c 为待定指数。把 x_i、x_A、x_B 及 x_C 的因次代入上式,根据 π 为无因次参数的要求,利用因次分析法可求得指数 a、b 和 c,从而得到 π_i 的具体形式。

（6）该物理现象可用 $(n-m)$ 个 π 参数的函数 F 来表达。注意,无因次参数 π 可以取倒数或取任意次方或互相乘除,以尽可能使各项成为一般熟悉的无因次量（如 Re 等）的形式。

（7）根据函数 F 中的无因次量,进行实验,以求得函数 F 的具体关系式。

1.2.4　因次分析法在流体阻力中的应用

有一空气管路直径为 300 mm,管路内安装一孔径为 150 mm 的孔板,管内空气的温度为 200 ℃,压力为常压,最大气速为 10 m/s,试估计:孔板的阻力损失为多少?

为测定孔板在最大气速下的阻力损失,可在实验设备直径为 30 mm 的水管上进行模拟实验,为此需确定实验用孔板的孔径,应为多大? 若水温为 20 ℃,则水的流速应为多少? 如测得模拟孔板的阻力损失读数为 20 mmHg（1 mmHg＝133.3 Pa）,那么孔板的实际阻力损失为多少?

已知经孔板的阻力损失 h_f 与管径 d、孔径 d_0、流体密度 ρ、流体黏度 μ 和流体速度 u 有关,即

$$f(h_f, d, d_0, \mu, \rho, u) = 0$$

各量的因次如下:

h_f	d	d_0	μ	ρ	u
$L^2 T^{-2}$	L	L	$ML^{-1}T^{-1}$	ML^{-3}	LT^{-1}

现要求把这个关系式改写为无因次形式,依上述步骤进行。

（1）独立变量计有 h_f、d、d_0、ρ、μ、u 共 6 个,$n=6$。

（2）选基本因次 M、L、T,计 $m=3$。

(3) 用基本因次表示各变量的因次。

(4) 选择 m 个基本变量,它们的因次应包括基本因次。即选 ρ、d、u 为三个基本变量。

(5) 列出 π 参数。共可列出 $n-m=3$ 个 π 参数,因已选定 ρ、d、u 为基本变量,剩下仅有 h_f、d_0、μ 三个变量,所以可列出三个 π 参数:

$$\pi_1 = h_f\rho^{a_1}u^{b_1}d^{c_1}, \quad \pi_2 = d_0\rho^{a_2}u^{b_2}d^{c_2}, \quad \pi_3 = \mu\rho^{a_3}u^{b_3}d^{c_3}$$

把各变量的因次代入,得

$$\pi_1 = h_f\rho^{a_1}u^{b_1}d^{c_1} = L^2T^{-2}(ML^{-3})^{a_1}(LT^{-1})^{b_1}(L)^{c_1} = M^0L^0T^0$$

列出指数方程,并求解如下

M：　　　　　　　　　　$a_1 = 0, \quad a_1 = 0$

T：　　　　　　　　　　$-2-b_1 = 0, \quad b_1 = -2$

L：　　　　　　　　　$2-3a_1+b_1+c_1 = 0, \quad c_1 = 0$

将 a_1、b_1、c_1 代入 π_1 得

$$\pi_1 = h_fu^{-2} = \frac{h_f}{u^2}$$

同样的方法可得

$$\pi_2 = d_0d^{-1} = \frac{d_0}{d}$$

$$\pi_3 = \mu\rho^{-1}u^{-1}d^{-1} = \frac{\mu}{\rho ud}$$

(6) 原来的函数关系 $f(h_f,d,d_0,\mu,\rho,u)=0$ 可化简为

$$F(\pi_1,\pi_2,\pi_3) = F\left(\frac{h_f}{u^2},\frac{d_0}{d},\frac{\mu}{\rho ud}\right) = 0$$

最后待定函数的无因次表达式为

$$\frac{h_f}{u^2} = F'\left(\frac{d_0}{d},\frac{\rho ud}{\mu}\right)$$

(7) 按上式进行模拟实验。由上式可知,不论水管还是气管,只要 $\frac{d_0}{d}$ 和 $\frac{\rho ud}{\mu}$ 相等,等式左边的 $\frac{h_f}{u^2}$ 必相等。因此,模拟实验所用孔板开孔直径应保证几何相似,即

$$d_0' = \frac{d_0}{d}d' = \frac{150}{300}\times 30\ \text{mm} = 15\ \text{mm}$$

水流的流速应保证 Re 相等,即

$$u' = \frac{\rho ud}{\mu}\frac{\mu'}{\rho'd'}$$

空气的物性为

$$\rho = \frac{29}{22.4} \times \frac{273}{273 + 200} \ \text{kg/m}^3 = 0.747 \ \text{kg/m}^3$$

$$\mu = 2.6 \times 10^{-5} \ \text{Pa} \cdot \text{s}$$

20 ℃水的物性为

$$\rho' = 1\ 000 \ \text{kg/m}^3$$

$$\mu' = 1 \times 10^{-3} \ \text{Pa} \cdot \text{s}$$

代入得水的流速为

$$u' = \frac{0.747 \times 0.3 \times 10}{2.6 \times 10^{-5}} \times \frac{1 \times 10^{-3}}{1\ 000 \times 0.03} \ \text{m/s} = 2.87 \ \text{m/s}$$

模拟孔板的阻力损失为

$$h'_f = \frac{\Delta p'}{\rho'} = \frac{13\ 600 \times 9.81 \times 0.02}{1\ 000} \ \text{J/kg} = 2.67 \ \text{J/kg}$$

因次 $\dfrac{h_f}{u^2}$ 相等,故实际孔板的阻力损失为

$$h_f = \frac{h'_f}{u'^2} u^2 = \frac{2.67}{2.87^2} \times 10^2 \ \text{J/kg} = 32.4 \ \text{J/kg}$$

　　从上述步骤可见,第一步是选定与该现象有关的变量。既不能把重要的变量丢掉,使结果不能反映实际情况,也不能把关系不大的变量考虑进来,使问题复杂化,否则所得结论同样不能反映实际情况。一般来说,宁可考虑得多些,也不要遗漏掉重要因素,因为前者虽然可能给分析过程带来麻烦,但所产生的次要 π 参数最终将由实验结果加以修正。当然,要做到这一点,经验是很重要的。此外,在方程中有时会出现有因次常量,而在分析因次时,这些常量可能被疏忽掉,从而导致不正确的结果。因次分析不能区别因次相同但在方程中有着不同物理意义的量。最后,在步骤(4)中,对于如何构成无因次参数并未加以明确的限制,而且基本变量的选择也有一定的任意性。

　　从这个例子看出,原来 h_f 与 5 个变量之间的复杂关系,通过因次分析的方法,可简化为只有两个无因次变量的函数关系,且只要保持 $\dfrac{d_0}{d}$ 和 $\dfrac{\rho u d}{\mu}$ 相等,所得实验结果在几何尺寸上可以由小见大,在流体种类上可以由此及彼。如前所述,无因次变量关系式可以帮助我们安排实验,并简化实验工作。

　　应该指出,因次论指导下的实验研究方法,虽然可以起到由此及彼、由小见大的作用,但是影响因素太多,实验工作量仍会非常之大,对于复杂的多变量问题的解决仍然困难重重。解决这类问题的方法是过程的分解,即将待解决的问题分解成若干个弱交联的子过程,使每个子过程变量数大大减少。这种分解方法是研究复杂问题的一种基本方法,有关这一方面的内容可参考相关文献。

1.3　数学模型法

1. 数学模型法概述

数学模型是针对或参照某种事物系统的特征或数量依存关系,采取数学语言,概括地或近似地表述出的一种数学结构。数学模型是利用数学解决问题(实际问题或理论问题)的主要方式之一。利用数学模型解决问题的方法叫做数学模型法。这时,常把数学模型狭义地理解为联系一个系统中各变量间内在关系的数学表述体系。

利用数学模型解决实际问题的思想可追溯到中国古代,《九章算术》早在公元1世纪就利用数学为当时社会生活各个领域提供了系统的数学模型。例如,"盈不足"、"勾股"、"方程"等章就提供了用"盈不足术"、直角三角形、线性方程组为数学模型解决各种实际问题的方法和实例。

古希腊学者托勒密(公元2世纪)提出了"地心说",采用几何模型研究天文学,这也是数学模型法的早期应用之一。1300年后,哥白尼认为托勒密的模型不能很好地解释行星运动的物理实质,他给出新的几何模型并且定量地考察了它,从而得出著名的"日心说",数学模型法在此学说的建立过程中有着重要的作用。

近代的伽利略(1564—1642)是在实际的科学研究中将实验方法与数学方法相结合的第一人。他将比率和三角形相似理论作为数学模型,并以之推导出著名的自由落体运动规律,从而开创了数学模型法在近代科学中应用的先河。笛卡儿的"万能方法"所揭示的方法论原则也是采用数学模型法解决"任何问题"的方法论原则。从此,在解决各种科学理论和实际问题时,数学模型法成为首选方法之一。笛卡儿在数学研究中也采用了数学模型法,他为几何学建立了代数模型,并通过模型推导解决了原型(几何)的问题,从而创立了解析几何学。他的这种在数学研究中采用数学模型的方法又叫做关系映射反演方法,所以关系映射反演方法可以视为数学模型法在数学中应用的具体发展。但是反过来,在其他科学或实际问题中应用数学模型法时,也必然要求一个数学和其他科学(或实际领域)的"映射",当然,这个"映射"只是数学中映射概念的推广,所以数学模型法也可以视为关系映射反演方法在数学之外的应用的推广。

为证明非欧几里得几何学的无矛盾性,采用了解释的方法,一个解释也叫做一个模型。在数学基础研究中,形式系统的意义要靠模型来说明,形式系统的数学性质也要依赖模型才能证明,这是数学模型法的另一个作用方面。

现代数学模型法在两方面都有很大的发展,在其他科学及实际问题中采用数学模型法所涉及的模型的构建、求解、说明等一系列问题的研究已构成独立的学科。模型的构造及模型和作为原型的形式语言的关系构成独立的学科——模型论。

　　数学模型法处理工程问题时,同样离不开实验,因为这种简化模型的来源在于对过程有深刻的认识,其合理性需要经过实践的检验,其中引入的参数需由实验测定。

　　因此,数学模型法解决工程问题的步骤如下:

　　(1) 通过预实验认识过程,设想简化模型;

　　(2) 通过实验检验简化模型的等效性;

　　(3) 通过实验确定模型参数。

　　2. 数学模型法的应用步骤

　　下面将较详细地说明数学模型法在流体阻力问题的研究中的应用。

　　流体通过颗粒层的流动(见图 1-1-1)就其流动过程本身来说,并没有什么特殊性,问题的复杂性在于流体通道所呈现的不规则的几何形状。一般来说,构成颗粒层的各个颗粒,不但几何形状是不规则的,而且颗粒大小也不均匀,表面粗糙。由这样的颗粒组成的颗粒层通道,必然是不均匀的纵横交错的网状通道,倘若仍采用流体通过颗粒层的边界条件,这是很难做到的。为此,处理流体通过颗粒层的流动问题,必须寻求简化的工程处理方法。

　　寻求简化途径的基本思路是研究过程的特殊性,并充分利用特殊性作出有效的简化。

　　流体通过颗粒层的流动具有什么样的特殊性呢? 不难想象流体通过颗粒层的流动可以有两个极限:一是极慢流动;二是高速流动。在极慢流动的情况下,流动阻力主要来自表面摩擦,而在高速流动时,流动阻力主要是形体阻力。《化工原理》中这一章的工程背景是过滤操作,对于难以过滤而需要认真对待的工程问题,其滤饼都是由细小的不规则的颗粒组成的,流体在其中的流动是极其缓慢的。因此,可以抓住极慢流动这一特殊性,对流动过程作出合理的简化。

　　极慢流动又称爬流。此时,可以设想流动边界所造成的流动阻力主要来自于表面摩擦,因此,其流动阻力与颗粒总表面积成正比,而与通道的形状关联程度甚小。这样,就把通道的几何形状的复杂问题一举解决了。

　　具体步骤如下。

　　1) 建立颗粒床层的简化模型

　　根据以上分析,图 1-1-1 所示的复杂不均匀网状通道可简化为许多平行排列的均匀细管所组成的管束(见图 1-1-2),并假定:

　　(1) 细管的内表面积等于床层颗粒的全部表面积;

　　(2) 细管的全部流动空间等于颗粒床层的空隙容积。

　　根据上述假定,可求得这些虚拟细管的当量直径 d_e,即

图 1-1-1　颗粒层　　　　　　　　　　　　　　　　　图 1-1-2　均匀细管束

$$d_e = \frac{4 \times 通道的截面积}{湿润周边}$$

分子分母同乘以 L_e,则有

$$d_e = \frac{4 \times 床层的流动空间}{细管的全部内表面}$$

以 1 m³ 床层体积为基准,则床层的流动空间为 ε,1 m³ 床层的颗粒表面积即为床层的比表面积 a_B,因此

$$d_e = \frac{4\varepsilon}{a_B} = \frac{4\varepsilon}{a(1-\varepsilon)} \tag{1-1-1}$$

按此简化模型,流体通过颗粒床层(固定床)的压降(也称压力降、压强降)相当于流体通过一组当量直径为 d_e、长度为 L_e 的细管的压降。

2) 建立数学模型

上述简化模型,已将流体通过复杂几何边界的床层的压降简化为通过均匀圆管的压降,对此,不难应用现有的理论作出数学描述。

按总自由空间相等和总面积相等的原则,确定通道的当量直径和当量长度。

采用这样的处理后,流体通过固定床压降中床层的空隙率 ε 和床层的比表面积 a 即可确定,有

$$h_f = \frac{\Delta p}{\rho} = \lambda \frac{L_e}{d_e} \frac{u_1^2}{2} \tag{1-1-2}$$

式中:u_1——流体在细管内的流速,取与实际填充床中颗粒空隙间的流速相等,它与空床流速(表现流速)u 的关系为

$$u = \varepsilon u_1 \quad 或 \quad u_1 = \frac{u}{\varepsilon} \tag{1-1-3}$$

将式(1-1-1)、式(1-1-3)代入式(1-1-2)得

$$\frac{\Delta p}{L} = \left(\lambda \frac{L_e}{8L}\right) \frac{(1-\varepsilon)a}{\varepsilon^3} \rho u^2$$

细管长度 L_e 与实际床层高度 L 不等,但可以认为 L_e 与实际床层高度成正比,即 $\frac{L_e}{L} =$ 常数,并将其并入阻力系数,于是有

$$\frac{\Delta p}{L} = \lambda' \frac{(1-\varepsilon)a}{\varepsilon^3} \rho u^2 \tag{1-1-4}$$

式(1-1-4)即为流体通过固定床压降的数学模型,其中包括一个未知的待定系数λ',λ'称为模型参数,就其物理意义而言,也可称为固定床的流动摩擦因数,简称摩擦因数。

剩下的问题,就是如何描述颗粒的总表面积,处理的方法如下:

(1) 根据几何面积相等的原则,确定非球形颗粒的当量直径;

(2) 根据总面积相等的原则确定非均匀颗粒的平均直径。

3) 数学模型实验检验与修正

以上的理论分析是建立在流体力学的一般知识与实际过程——爬流这一特点相结合的基础上的,也即是在一般性和特殊性相结合的基础上的。这一点正是多数工程中复杂问题处理方法的共同基点。忽视流动的基本原理,不懂得爬流的基本特征,就会走向纯经验化的处理上去;抓不住对象的特殊性,就找不到简化的途径,就会走向教条式的处理上去。

如果以上的理论分析和随后作出的理论推导是严格准确的,按理就可以用伯努利方程作出定量的描述而无须用实验证实。但事实上,由理论分析与推导中已经清醒地估计到所作出的简化难免与实际情况有所出入,因此,留了一个待定的参数——摩擦因数λ'与雷诺数Re的关系有待通过实验予以确定。这时,实验的检验,包含在摩擦因数λ'与雷诺数Re的关系测定中。如果所有的实验结果归纳出统一的摩擦因数λ'与雷诺数Re的关系,就可以认为所作的理论分析与构思得到了实验的检验。否则,必须进行若干修正。康采尼(Kozeny)对此进行了研究,发现在流速较低、床层雷诺数Re'小于2的情况下,实验数据能较好地符合

$$\lambda' = \frac{K'}{Re'}$$

式中:K'——康采尼常数,其值为5.0;Re'——床层雷诺数,其表达式为

$$Re' = \frac{d_e u_1 \rho}{4\mu} = \frac{\rho u}{a(1-\varepsilon)\mu}$$

对于各种不同的床层,康采尼常数K'的可能误差不超过10%,这表明上述的简化模型是实际过程的合理简化,且在实验确定参数λ'的同时,也是对简化模型的实际检验。

对于数学模型法,决定成败的关键是对复杂过程的合理简化,即能否得到一个足够简单即可用数学方程式表示而又不失真的物理模型。只有充分地认识了过程的特殊性并根据特定的研究目的加以利用,才有可能对真实的复杂过程进行大幅度的合理简化,同时在指定的某一侧面保持等效。上述例子进行简化时,只在压降方面与实际过程这一侧面保持等效。

对于因次分析法,决定成败的关键在于能否准确地列出影响过程的主要因素。它不需对过程本身的规律有深入理解,只要做若干因次分析实验,考察每个变量对

实验结果的影响程度即可。在因次分析法指导下的实验研究只能得到过程的外部联系，而对过程的内部规律则不甚了然。然而，这正是因次分析法的一大特点，它使因次分析法成为对各种研究对象原则上皆适用的一般方法。

无论是数学模型法还是因次分析法，最后都要通过实验解决问题，但实验的目的大相径庭。数学模型法的实验目的是检验物理模型的合理性并测定为数较少的模型参数，而因次分析法的实验目的是寻找各无因次变量之间的函数关系。

第2章 化工原理实验基本要求

化工原理实验首要的目的就是帮助学生掌握处理工程问题的一些实验方法。化工原理实验的另一个目的是理论联系实际，培养学生创新能力及工程实践能力。化工过程由很多单元操作和设备组成，学生应该运用理论去指导并且能够独立进行化工单元的操作，应能在现有设备中完成指定的任务，并预测某些参数的变化对过程的影响。

既然如此，就要把实验的任务，实验观测的结果用表、用图、用公式、用文字描述，并且将讨论简练明确地表达出来，不能含糊，要使阅读者一目了然，除此之外还必须做到：①数据可靠，对实验方案认真考虑，认真做实验，认真记录数据，实验前做好准备，实验时精力集中，对实验方案详细说明以供阅读者进行审查，看实验方案是否合理；②实验记录经过校核，保证能做出合格的报告。对实验过程中各个步骤、各个问题，提出如下的说明和具体要求。

2.1 实验预习

(1) 阅读实验教材，弄清本实验的目的与要求。

(2) 根据本次实验的具体任务，研究实验的做法及其理论根据，分析应该测取哪些数据并估计实验数据的变化规律。

(3) 到现场观看工艺流程，主要设备的构造，仪表种类、安装位置，检查这种设备是否合适，了解它们的启动和使用方法（但不要擅自启动，以免损坏仪表设备或发生其他事故）。

(4) 根据实验任务及现场设备情况或实验可能提供的其他条件，最后确定应该测取的数据。凡是影响实验结果或者数据整理过程中所必需的数据，包括大气条件、设备有关尺寸、物料性质以及操作参数等，都必须测取。但并不是所有数据都要直接测取，凡可以根据某一其他数据导出或从手册中查出的数据，就不必直接测定。例如，水的黏度、密度等物理性质数据，一般只要测出水温后即可查出，因此不必直接测定水的黏度、密度，而应该测定水温。

(5) 拟定实验方案，决定先做什么，后做什么，操作条件如何，设备的启动程序怎样，如何调整。

(6) 通过学校网络进行网上模拟实验或到指定机房进行模拟实验。

2.2　实　验　操　作

化工原理实验一般是由几个人合作完成的,因此实验时必须做好组织工作,使得既有分工,又有合作,既能保证实验质量,又能获得全面训练。每个实验小组要有一个组长,组长负责实验方案的执行、联络和指挥,必要时还应兼任其他工作。实验方案应该在小组内讨论,使得人人知晓,每个实验部分都应有专人负责(包括操作、读取数据及观察现象等),而且要在适当时间进行轮换。

1. 读取数据、做好记录

(1)事先必须拟好记录表格(只负责记某一项数据的同学,也要列出完整的记录表格),要保证数据完整、条理清晰而避免张冠李戴的错误。

(2)实验时一定要在现象稳定后才开始读数据,条件改变后,要稍等一会儿才能读取数据,这是因为达到稳定需要一定时间(有的实验甚至要很长时间才能达到稳定),而仪表通常又有滞后现象。不要条件改变后就马上测数据,引用这种数据做报告,结论是不可靠的。

(3)同一条件下至少要读取两次数据(研究不稳定过程中的现象时除外),而且只有当两次数据相近时才能改变操作条件,以便在另一条件下进行观测。

(4)每个数据记录后,应该立即复核,以免发生读错或写错数字等错误。

(5)数据记录必须真实地反映仪表的精确度,一般要记录至仪表上最小分度以下一位数字。例如,温度计的最小分度为 1 ℃,如果当时温度读数为 24.6 ℃,这时就不能记为 25 ℃,如果刚好是 25 ℃,则应记为 25.0 ℃而不记为 25 ℃。因为这里有一个精确度的问题,一般记录数据中末位都是估计数字,如果记录为 25 ℃,它表示当时温度可能是 24 ℃,也可能是 26 ℃,或者说它的误差是 ±1 ℃,而 25.0 ℃则表示当时温度是 24.9～25.1 ℃,它的误差为 ±0.1 ℃,但是用上述温度计时也不能记为 24.58 ℃,因为它超出了所用温度计的精确度。

(6)记录数据要以当时的实际读数为准。例如,规定的水温为 50.0 ℃,而读数时实际水温为 50.5 ℃,就应该记为 50.5 ℃,如果数据稳定不变,也应照常记录,不得空下不记。如果漏记了数据,应该留出相应空格。

(7)实验中如果出现不正常情况,以及数据有明显误差,则应在备注栏中加以注明。

2. 实验过程注意事项

有的学生在做实验时,只管读取数据,其他一概不管,这是不对的。实验过程中除了读取数据外,还应做好下列事情:

(1)从事操作者,必须密切注意仪表指示值的变动,随着参数的调节,务必使整个操作过程都在规定条件下进行,尽量减小实验操作条件和规定操作条件之间的差异,操作人员不要擅离岗位。

(2) 读取数据后,应立即和以前数据相比较,也要和其他有关数据相对照,分析相互关系是否合理。如果发现不合理的情况,应该立即同小组同学研究原因,是自己的认识错误还是测定的数据有问题,以便及时发现问题,解决问题。

(3) 实验过程中还应注意观察过程现象,特别是发现某些不正常现象时更应抓紧时机,研究产生不正常现象的原因。

2.3 实验报告撰写

按照一定的格式和要求表达实验过程和结果的文字材料称为实验报告,它是实验工作的全面总结和系统概括,撰写实验报告是实验工作不可缺少的一个环节。

写实验报告的过程,是对所测取的数据加以处理,对所观察的现象加以分析,从中找出客观规律和内在联系的过程。如果做实验而不写报告,就等于有始无终,半途而废。因此,进行实验并写出报告,对于理工科大学生来讲是一种必不可少的基本训练,也可认为是一种正式科技论文撰写的训练。因此对于本课程的实验报告,在实验之前要求写出实验报告大纲(预实验报告),目的是强化撰写科技论文的意识,培养综合分析、概括问题的能力。

完整的实验报告一般应包括以下几方面的内容。

1. 实验名称

实验报告的名称,又称标题,列在报告的最前面。实验名称应简洁、鲜明、准确,字数要尽量少,一目了然,能恰当反映实验的内容。如《传热系数及其特征数关联式常数的测定》、《离心泵的操作和性能测定》等。

2. 实验目的

简明扼要地说明为什么要进行本实验,实验要解决什么问题。例如,《填料吸收塔实验》的实验目的"(1)了解填料吸收塔的构造并练习操作;(2)了解填料塔的流体力学性能;(3)学习填料吸收塔传质能力和传质效率的测定方法"等。

3. 基本原理

简要说明实验所依据的基本原理,包括实验涉及的基本概念,实验依据的重要定律、公式及据此推算的重要结果。要求准确、充分。

4. 实验装置流程示意图

简单地画出实验装置流程示意图和测试点的位置及主要设备、仪表的名称。标出设备、仪器仪表调节阀的标号,在流程图的下面写出图名及标号相对应的设备仪器等的名称。

5. 实验操作方法和注意事项

根据实际操作程序,按时间的先后划分为几个步骤,并在其前面加上序数词

1,2,…,以使条理更为清晰。实验步骤的划分,一般以改变某一组因素(参数)作为一个步骤,对于操作过程的说明应简单、明了。

对于容易引起危险、损坏仪器仪表或设备以及一些对实验结果影响比较大的操作,应在注意事项中注明,以引起注意。

6. 数据记录

实验数据是实验过程中从测量仪表所读取的数值,要根据仪表的精度决定实验数据的有效数字位数。读取数据的方法要正确,记录数据要准确。通常是将数据先记在原始数据记录表格里,数据较多时,此表格宜作为附录放在实验报告的后面。

7. 数据整理

数据整理是实验报告的重点内容之一,要求将实验数据整理、加工成图或表格的形式。数据整理时应根据有效数字的运算规则进行,一般将主要的中间计算值和最后计算结果列在数据整理表格中。表格要精心设计,使其易于显示数据的变化规律及各参数的相关性。为了更直观地表达变量间的相互关系,有时采用作图法,即用相对应的各组数据确定出若干坐标点,然后依点画出相关曲线。数据整理成表或图应按照列表法和图示法的要求去做。不经重复实验不得修改实验数据,更不得伪造数据。

8. 计算过程举例

数据整理及计算时,以某一组原始数据为例,把各项计算过程列出,以说明数据整理表中的结果是如何得到的。

9. 对实验结果的分析与讨论

实验结果的分析与讨论十分重要,它是实验者理论水平的具体体现,也是对实验方法和结果进行的综合分析研究,讨论范围应只限于本实验有关的内容。讨论的内容包括以下几点:

(1)从理论上对实验所得结果进行分析和解释,说明其必然性;

(2)对实验中的异常现象进行分析讨论;

(3)分析误差的大小和原因,讨论如何提高测量精度;

(4)指出本实验结果在生产实践中的价值和意义;

(5)由实验结果提出进一步的研究方向或对实验方法及装置提出改进建议等。

有时将7、9两项合并写为"结果与讨论",这有两个原因:一是讨论的内容少,无须另列一部分;二是实验的几项结果独立性大,内容多,需要逐项讨论,使条理更清楚。

10. 实验结论

结论是根据实验结果所作出的最后判断,得出的结论要从实际出发,有理论根据。

第3章 实验误差分析及数据处理

3.1 误差分析

3.1.1 真值与误差

真值是指某物理量客观存在的确定值。在科学实验中,观测对象的量是客观存在的,称为真值,真值的定义是:设在测量中观察的次数为无限多,则根据误差分布定律,正、负误差出现的概率相等,故将各观察值求平均值,在无系统误差情况下,可能获得接近于真值的数值。因此,"真值"在现实中是指观察次数无限多时,所求得的平均值(或是写入文献手册中所谓的"公认值")。然而对工程实验而言,观察的次数都是有限的,故用有限观察次数求出的平均值,只能是近似真值,或称为最佳值。

每次观测所得数值称为观测值。设观测对象的真值为 x,观测值为 $x_i(i=1,2,\cdots,n)$,则差值为

$$d_i = x_i - x \quad (i = 1, 2, \cdots, n) \tag{1-3-1}$$

该值称为观测误差,简称误差。

由于测量仪器、测量方法、环境条件以及人的观测能力等都不能达到完美无缺,故真值是无法测得的,但通过反复多次的观测可得到逼近真值的近似值。

常用的平均值有下列几种。

1. 算术平均值

这种平均值最常用。当测量值的分布服从正态分布时,用最小二乘法原理可以证明:在一组等精度的测量中,算术平均值为最佳值或最可信赖值,算术平均值为

$$\bar{x} = \frac{x_1 + x_2 + \cdots + x_n}{n} = \frac{\sum\limits_{i=1}^{n} x_i}{n} \tag{1-3-2}$$

式中: $x_1, x_2, \cdots, x_n$ ——各次观测值; n ——观测的次数。

2. 均方根平均值

均方根平均值为

$$\overline{x}_s = \sqrt{\frac{x_1^2 + x_2^2 + \cdots + x_n^2}{n}} = \sqrt{\frac{\sum\limits_{i=1}^{n} x_i^2}{n}} \qquad (1\text{-}3\text{-}3)$$

3. 加权平均值

设对同一物理量用不同方法去测定,或对同一物理量由不同人去测定,计算平均值时,常对比较可靠的数值予以加重平均,称为加权平均。加权平均值为

$$\overline{x}_w = \frac{w_1 x_1 + w_2 x_2 + \cdots + w_n x_n}{w_1 + w_2 + \cdots + w_n} = \frac{\sum\limits_{i=1}^{n} w_i x_i}{\sum\limits_{i=1}^{n} w_i} \qquad (1\text{-}3\text{-}4)$$

式中:$x_1, x_2, \cdots, x_n$——各次观测值;$w_1, w_2, \cdots, w_n$——各测量值的对应权重。各观测值的权数一般凭经验确定。

4. 几何平均值

几何平均值为

$$\overline{x}_q = \sqrt[n]{x_1 x_2 \cdots x_n} \qquad (1\text{-}3\text{-}5)$$

5. 对数平均值

对数平均值为

$$\overline{x}_n = \frac{x_1 - x_2}{\ln x_1 - \ln x_2} = \frac{x_1 - x_2}{\ln \dfrac{x_1}{x_2}} \qquad (1\text{-}3\text{-}6)$$

以上介绍了各种平均值,目的是要从一组测定值中找出最接近真值的那个值。平均值的选择主要取决于一组观测值的分布类型。在化工原理实验研究中,数据分布较多属于正态分布,故通常采用算术平均值。

测量误差分为测量点的误差和测量列(集合)的误差,它们分别有不同的表示方法。

3.1.2　误差的定义及分类

1. 误差的定义

误差是指实验测量值(包括直接和间接测量值)与真值(客观存在的准确值)之差,偏差是指实验测量值与平均值之差,但习惯上通常将二者不加以区别。

误差有以下含义。

(1) 误差永远不等于零。不管人们主观愿望如何,无论所用仪器多么精密,方法多么完善,实验者多么细心,误差还是要产生,不会消除,误差的存在是绝对的。

(2) 误差具有随机性。在相同的实验条件下,对同一个研究对象反复进行多次的实验、测试或观察,所得到的不会是一个确定的结果,即实验结果具有不确定性。

（3）误差是未知的。这是由于在通常情况下真值是未知的。研究误差时，一般从偏差入手。

2. 误差的分类

根据误差的性质及其产生的原因，可将误差分为三类。

1）系统误差

系统误差又称恒定误差，是指在实验测定过程中由于仪器不良、环境改变等系统因素产生的误差。其特点是在相同条件下进行多次测量，其观测值总往一个方向偏差，误差数值的大小和正负保持恒定，或随条件改变按一定的规律变化。

由于系统误差是测量误差的重要组成部分，消除和估计系统误差对于提高测量准确度就十分重要。一般系统误差是有规律的，其产生的原因也往往是可知或找出原因后可以清除掉的。至于不能消除的系统误差，应设法确定或估计出来。

2）偶然误差

偶然误差又称随机误差，由某些不易控制的因素造成。在相同条件下做多次测量，偶然误差的大小、正负方向不一定，其产生原因一般不详，因而无法控制。偶然误差主要表现出测量结果的分散性，但完全服从统计规律，故研究偶然误差可以采用概率统计的方法。在误差理论中，常用精密度来表征偶然误差的大小。偶然误差越大，精密度越低；反之亦然。

在测量中，如果已经消除引起系统误差的一切因素，而所测数据仍在末一位或末两位数字上有差别，则为偶然误差。偶然误差主要是我们只注意认识一些影响较大的因素，而往往忽略其他的一些小的影响因素而形成的，不是我们尚未发现，就是我们无法控制，而这些影响正是造成偶然误差的原因。

3）过失误差

过失误差又称粗大误差，是与实际明显不符的误差，主要是由于实验人员粗心大意所致，如读错、测错、记错等都会带来过失误差。含有过失误差的测量值称为坏值，应在整理数据时依据常用的准则加以剔除。

综上所述，可以认为系统误差和过失误差总是可以设法避免的，而偶然误差是不可避免的，因此最好的实验结果应该只含偶然误差。

3.1.3　精密度和精确度（准确度）

测量的质量和水平，可用误差的概念来描述，也可用准确度等概念来描述。国内外文献所用的名词术语颇不统一，精密度、正确度、精确度这几个术语的使用一向比较混乱，近年来趋于一致的多数意见如下。

精密度：指衡量某些物理量几次测量之间的一致性，即重复性。它可以反映偶然误差大小的影响程度。

正确度：指在规定条件下，测量中所有系统误差的综合，它可以反映系统误差大小的影响程度。

精确度:指测量结果与真值偏离的程度。它可以反映系统误差和偶然误差综合大小的影响程度。

为说明它们间的区别,往往用打靶来做比喻,如图 1-3-1 所示。

图 1-3-1　精密度与精确度的关系

图 1-3-1 所示的是三个射击手的射击成绩。A 表示精密度和精确度都不好;B 表示精确度不好而精密度好;C 表示精密度好,精确度也好。当然实验测量中没有像靶心那样明确的真值,而是设法去测定这个未知的真值。对于实验测量来说,精密度高,正确度不一定高;正确度高,精密度则不一定高。但精确度高,必然是精密度与正确度都高。

在科学实验研究过程中,应首先着重于实验数据的正确性,其次考虑数据的精确性。

3.1.4　误差的表示方法

1. 测量点的误差表示

1) 绝对误差 $D(x)$

测量值(x)与真值(A)之差的绝对值称为绝对误差 $D(x)$,即

$$D(x) = \mid x - A \mid \qquad (1\text{-}3\text{-}7)$$

或　　　　　　　　$x - A = \pm D(x), \quad x - D(x) \leqslant A \leqslant x + D(x)$

绝对误差虽然很重要,但仅用它还不足以说明测量的准确程度。为了判断测量的准确度,必须将绝对误差与测量值的真值相比较,即求出其相对误差。

2) 相对误差 $E_r(x)$

绝对误差与真值之比称为相对误差,即

$$E_r(x) = \frac{D(x)}{\mid A \mid} \qquad (1\text{-}3\text{-}8)$$

相对误差常用百分数或千分数表示。因此不同物理量的相对误差可以互相比较,相对误差与被测量的大小及绝对误差的数值都有关系。

3) 引用误差

仪表量程内最大示值误差与满量程示值之比的百分数称为引用误差。引用误差常用来表示仪表的精度。

2. 测量列（集合）的误差表示

1）范围误差

范围误差是指一组测量中的最高值与最低值之差，以此作为误差变化的范围。使用中常应用误差系数的概念。误差系数为

$$K = \frac{L}{\alpha} \tag{1-3-9}$$

式中：K——误差系数；L——范围误差；α——算术平均值。

范围误差的最大缺点是 K 只取决于两极端值，而与测量次数无关。

2）算术平均误差

算术平均误差是表示误差的较好方法，其定义为

$$\delta = \frac{\sum_{i=1}^{n} |x_i - \overline{x}|}{n} \quad (i = 1, 2, \cdots, n) \tag{1-3-10}$$

式中：n——观测次数；$x_i - \overline{x}$——测量值与平均值的偏差。

算术平均误差的缺点是无法表示出各次测量间彼此符合的情况。

3）标准误差

标准误差也称为根误差，其定义为

$$\sigma = \sqrt{\frac{\sum_{i=1}^{n}(x_i - \overline{x})^2}{n}} \tag{1-3-11}$$

标准误差对一组测量中的较大误差或较小误差感觉比较灵敏，成为表示精确度的较好方法。

式（1-3-11）适用于无限次测量的场合。实际测量中，测量次数是有限的，故式（1-3-11）应改写为

$$\sigma = \sqrt{\frac{\sum_{i=1}^{n}(x_i - \overline{x})^2}{n-1}} \tag{1-3-12}$$

标准误差不是一个具体的误差，σ 的大小只说明在一定条件下等精度测量集合所属的任一次观察值对其算术平均值的分散程度。如果 σ 的值小，则说明该测量集合中相应小的误差占优势，任一次观测值对其算术平均值的分散度就小，测量的可靠性就大。

算术平均误差和标准误差的计算式中第 i 次误差可分别代入绝对误差和相对误差，相对得到的值表示测量集合的绝对误差和相对误差。

上述的各种误差表示方法中，不论是比较各种测量的精度还是评定测量结果的质量，均以相对误差和标准误差表示为佳。实验愈准确，其标准误差愈小。因此，标

准误差通常被作为 n 次测量值偶然误差大小的标准,在化工实验中得到广泛应用。

3. 间接测量中的误差传递

在许多实验和研究中,所得到的结果有时不是用仪器直接测量得到的,而是把实验现场直接测量值代入一定的理论关系式中,通过计算才能求得所需要的结果,即间接测量值。由于直接测量值总有一定的误差,因此它们必然引起间接测量值也有一定的误差,也就是说,直接测量误差不可避免地传递到间接测量值中去,从而产生间接测量误差。

误差的传递公式:从数学中知道,若间接测量值(y)与直接测量值($x_1, x_2, \cdots, x_n$)有函数关系,即

$$y = f(x_1, x_2, \cdots, x_n)$$

则其微分式为

$$\mathrm{d}y = \frac{\partial y}{\partial x_1}\mathrm{d}x_1 + \frac{\partial y}{\partial x_2}\mathrm{d}x_2 + \cdots + \frac{\partial y}{\partial x_n}\mathrm{d}x_n \tag{1-3-13}$$

$$\frac{\mathrm{d}y}{y} = \frac{1}{f(x_1, x_2, \cdots, x_n)}\left(\frac{\partial y}{\partial x_1}\mathrm{d}x_1 + \frac{\partial y}{\partial x_2}\mathrm{d}x_2 + \cdots + \frac{\partial y}{\partial x_n}\mathrm{d}x_n\right) \tag{1-3-14}$$

根据式(1-3-13)和式(1-3-14),当直接测量值的误差($\Delta x_1, \Delta x_2, \cdots, \Delta x_n$)很小,并且考虑到最不利的情况,应是误差累积和取绝对值,则间接测量值的误差 Δy 或 $\Delta y/y$ 为

$$\Delta y = \left|\frac{\partial y}{\partial x_1}\right| \cdot |\Delta x_1| + \left|\frac{\partial y}{\partial x_2}\right| \cdot |\Delta x_2| + \cdots + \left|\frac{\partial y}{\partial x_n}\right| \cdot |\Delta x_n| \tag{1-3-15}$$

$$E_r(x) = \frac{\Delta y}{y} = \frac{1}{f(x_1, x_2, \cdots, x_n)}\left(\left|\frac{\partial y}{\partial x_1}\right| \cdot |\Delta x_1| + \left|\frac{\partial y}{\partial x_2}\right| \cdot |\Delta x_2|\right.$$
$$\left. + \cdots + \left|\frac{\partial y}{\partial x_n}\right| \cdot |\Delta x_n|\right) \tag{1-3-16}$$

以上两个式子就是由直接测量误差计算间接测量误差的误差传递公式。对于标准误差的传递,则有

$$\sigma_y = \sqrt{\left(\frac{\partial y}{\partial x_1}\right)^2 \sigma_{x_1}^2 + \left(\frac{\partial y}{\partial x_2}\right)^2 \sigma_{x_2}^2 + \cdots + \left(\frac{\partial y}{\partial x_n}\right)\sigma_{x_n}^2} \tag{1-3-17}$$

式中:$\sigma_{x_1}, \sigma_{x_2}, \cdots, \sigma_{x_n}$——直接测量的标准误差;$\sigma_y$——间接测量值的标准误差。

3.2　实验数据处理

在整个实验过程中,实验数据处理是一个重要的环节,它的目的是将实验中获得的大量数据整理成各变量之间的定量关系。同学们通常认为实验数据处理是实验结束以后的工作,其实不然,对于一份好的研究报告而言,数据处理的思想贯穿于整个实验过程中。在实验方案的设计时,除了实验流程安排、装置设计和仪表选

择之外,实验数据处理方法的选择也是一项重要的工作,它直接影响实验结果的质量和实验工作量的大小。因此,它在实验过程中的作用应该引起充分的重视。

实验数据中各变量的关系表示方法有列表法、图示法和函数法等。

3.2.1 列表法

列表法是将实验数据制成表格的方法。它显示了各变量间的对应关系,反映出变量之间的变化规律。它是绘制曲线的基础。

实验数据表一般分为两大类:原始记录数据表和整理计算数据表。

(1) 原始记录数据表必须在实验前设计好,以便清楚地记录待测数据,如流体流动实验原始记录数据表的格式如表 1-3-1 所示。

表 1-3-1　流体流动实验原始记录数据表

设备常数＿＿＿＿＿＿;水温度＿＿＿＿＿＿;管壁粗糙度＿＿＿＿＿＿;
管径＿＿＿＿＿＿;局部管件(阀门)＿＿＿＿＿＿;管长＿＿＿＿＿＿

序　号	光滑管压差计读数		粗糙管压差计读数		突然扩大管压差计读数	
	左/mm	右/mm	左/mm	右/mm	左/mm	右/mm
1						
2						
3						
⋮						

(2) 整理计算数据表应简明扼要,只表达主要物理量(参数)的计算结果,有时还可以列出实验结果的最终表达式,如流体流动实验整理计算数据表的格式如表 1-3-2 所示。

表 1-3-2　流体流动实验整理计算数据表

序号	流量/(m^3/s)	$u/$ (m/s)	$Re \times 10^4$	$h_{直}/$ mH_2O	λ	$h_{局}/$ mH_2O	ξ	$lg\lambda$	$lgRe$
1									
2									
3									
⋮									

在制订表格和记录实验数据时要注意下列事项:

(1) 在表格的表头中要列出变量名称和计量单位,单位不宜混在数字之中,以免分辨不清;

（2）记录数字要注意有效位数，要与实验的测量仪表的精度相一致；

（3）数字较大或较小时要用科学计数法表示，阶数部分，即$10^{\pm n}$，记录在表头；

（4）表格的标题要清楚、醒目，能恰当说明实验内容。

3.2.2　图示法

图示法是将离散的实验数据或计算结果标绘在坐标纸上，将各数据点用直线或曲线"圆滑"地连接起来的方法。它能直观地反映出因变量和自变量之间的关系。它比结果综合表简明直观，能显示出函数的最高点、最低点、转折点和周期性等，并能比较不同条件下实验数据。

1. 坐标纸选择

坐标纸一般是根据变量的关系或预测的变量函数的形式来选择的，其原则是尽量使变量数据的函数关系接近直线。这样，可使数据处理工作相对容易。

（1）线形函数：$y=ax+b$，选用直角坐标纸。

（2）幂函数：$y=ax^b$或$\lg y=\lg a+b\lg x$，选用双对数坐标纸。

（3）指数函数：$y=ae^{bx}$或$\lg y=\lg a+kx$，选用半对数坐标纸。

另外，若自变量和因变量二者均在较大的数量级范围内变化，则可采用对数坐标纸；若其中任何一变量的变化范围比另一变量的变化范围大若干数量级，则宜选用半对数坐标纸。

2. 坐标的分度

坐标的分度即坐标的比例尺。比例尺选择不当，会使图形失真。

例 1　某组实验数据如下：

x	1.0	2.0	3.0	4.0
y	8.0	8.2	8.3	8.0

试确定适当的坐标比例尺。

解　以不同的坐标比例尺标绘，如图 1-3-2 所示。

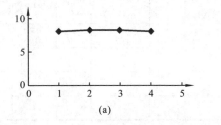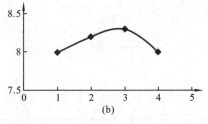

图 1-3-2　选择的坐标比例尺对函数关系的影响

图 1-3-2 所示曲线失真的原因是没有考虑测量误差。若考虑测量误差：设$\Delta x=\pm 0.05$，$\Delta y=\pm 0.2$，则(x,y)位于底边为$2\Delta x$、高为$2\Delta y$的矩形内，两种比例

尺的图形都是一条曲线,如图 1-3-3(a)、(b)所示;设 $\Delta x=\pm0.05$,$\Delta y=\pm0.04$,则它们都是在 $x=3$ 时,y 具有最大值,如图 1-3-3(c)、(d)所示。

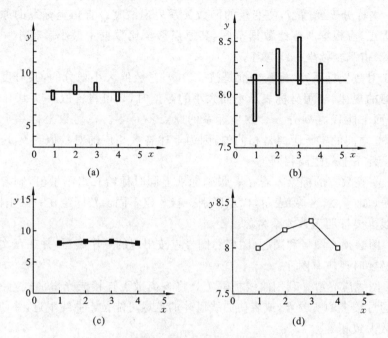

图 1-3-3 考虑测量误差的图像

只要考虑了测量误差,选择不同的坐标比例尺都能得到同样的函数关系。但从上面的图形看出:比例太小,矩形太短;比例太大,矩形太长。这些矩形都不能作为光滑的曲线的点。为了得到理想的图形,应该选择适当的比例尺。

选择比例尺原则: $\qquad 2\Delta x=2\Delta y=2 \text{ mm}$

坐标比例尺: $\qquad M_x=\dfrac{2}{2\Delta x}=\dfrac{1}{\Delta x}$ (mm/物理单位)

$$M_y=\frac{2}{2\Delta y}=\frac{1}{\Delta y} \quad (\text{mm/物理单位})$$

按照上述原则描绘 $\Delta x=\pm0.05$,$\Delta y=\pm0.04$,则曲线应如图 1-3-4 所示。对于 x 轴:$M_x=\dfrac{1}{\Delta x}=20$(mm/物理单位);对于 y 轴:$M_y=\dfrac{1}{\Delta y}=25$(mm/物理单位)。

在作图时应注意的事项如下:

(1) 对于两个变量的系统,习惯上选横轴为自变量,纵轴为因变量。在两轴侧要标明变量名称、符号和单位,如离心泵特性曲线

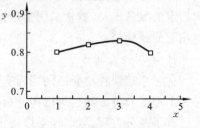

图 1-3-4 正确比例尺的曲线

的横轴须标明:流量 $Q/(m^3/h)$。尤其是单位,初学者往往因受纯数学的影响而容易忽略。

(2) 坐标分度要适当,使变量的函数关系表现清楚。直角坐标系的原点不一定选为零点,应根据所标绘数据范围,其原点移至比数据中最小者稍小一些的位置,使图形占满全幅坐标线为宜。

对于对数坐标系,坐标轴刻度是按 $1,2,\cdots$ 对数值大小划分的,其分度要遵循对数坐标的规律,当用坐标表示不同大小的数据时,只可将各值乘以 10^n(n 取正、负整数)而不能任意划分。对数坐标系的原点不是零。在对数坐标系上,$1,10,100,1\ 000$ 之间的实际距离是相同的,因为上述各数相应的对数值为 $0,1,2,3$,这在线性坐标系上的距离相同。

(3) 实验数据的标绘。若在一张坐标纸上同时标绘几组测量值,则各组要用不同符号(如 $\bigcirc$、$\triangle$、$\times$ 等)表示,以示区别。若 n 组不同函数同绘在一张坐标纸上,则在曲线上要标明函数关系名称。

(4) 图必须有图号和图题(图名),图号应按出现的顺序编写,并在正文中有所交代。必要时还应有图注。

(5) 图线应光滑。利用曲线板等工具将各离散点连接成光滑曲线,并使曲线尽可能通过较多的实验点,或者使曲线以外的点尽可能位于曲线附近,并使曲线两侧的点数大致相等。

3.2.3　经验公式的选择

在实验研究中,除了用表格和图形描述变量间的关系外,还常常把实验数据整理成方程式,以描述过程或现象的自变量和因变量之间的关系,即建立过程的数学模型。其方法是将实验数据绘制成曲线,与已知的函数关系式的典型曲线(线性方程、幂函数方程、指数函数方程、抛物线函数方程、双曲线函数方程等)进行对照选择,然后用图解法或者数值方法确定函数式中的各种常数。所得函数表达式是否能准确地反映实验数据所存在的关系,应通过检验加以确认。运用计算机将实验数据结果回归为数学方程已成为实验数据处理的主要手段。

鉴于化学和化工是以实验研究为主的科学领域,很难用纯数学物理方法推导出确定的数学模型,故常采用半理论分析方法、纯经验方法和由实验曲线的形状确定相应的经验公式。

1. 半理论分析方法

化工原理课程中介绍的用因次分析法推出特征数关系式的方法,是最常见的一种半理论分析方法。用因次分析法不需要首先导出现象的微分方程。但是,如果已有了微分方程,暂时还难以得出解析解,或者又不想用数值时,也可以从中导出特征数关系式,然后由实验来最后确定其系数值。例如,动量、热量和质量传递

过程的特征数关系式分别为

$$Eu = A\left(\frac{l}{d}\right)^{a}Re^{b}, \quad Nu = BRe^{c}Pr^{d}, \quad Sh = CRe^{e}Sc^{f}$$

式中:常数$(A,B,C,a,b,\cdots)$可由实验数据通过计算求出。

2. 纯经验方法

根据各专业人员长期积累的经验,有时也可决定整理数据时应采用什么样的数学模型。

建立数学模型是表示实验结果函数关系的一个重要方法。数学模型的确定,一般可分为三个步骤:①确定数学模型的函数类型;②确定数学模型中各个待定系数;③对数学模型的可靠程度进行评价。

1) 数学模型函数类型的确定

数学模型函数为

$$y = f(x_1, x_2, \cdots)$$

化工常用的函数形式有多项式、幂函数和指数函数等。

多项式为

$$y = a_0 + a_1 x_1 + a_2 x_2^2 + \cdots + a_m x_m^m$$

对于流体的物性,例如比热容、密度、汽化热等与温度的关系,常采用多项式关联。

幂函数为

$$y = A_0 x_1^{A_1} x_2^{A_2} \cdots x_m^{A_m}$$

动量、热量、质量传递过程中的无因次特征数之间的关系,多以幂函数的形式表示。

指数函数为

$$y = A_0 e^{A_1 x}$$

化学反应、吸附、离子交换以及其他非稳态过程,常以指数函数形式关联变量间的关系。

2) 数学模型的线性化和待定系数的确定

数学模型线性化表达式为　　$Y = B_0 + B_1 X_1 + B_2 X_2 + \cdots + B_m X_m$

待定系数 B_i 常用分组平均法、图解法、最小二乘法等确定。

(1) 分组平均法。

例 2 已知实验数据如下:

x	3.4	4.3	5.4	6.7	8.7	10.6
y	4.5	5.8	6.8	8.1	10.5	12.7

试确定 y 与 x 的线性关系式。

解　若选定的数学模型为 $y = b_1 x + b_2$,则有

$$\begin{cases} 4.5 = 3.4b_1 + b_2 \\ 5.8 = 4.3b_1 + b_2 \quad \text{和} \\ 6.8 = 5.4b_1 + b_2 \end{cases} \begin{cases} 8.1 = 6.7b_1 + b_2 \\ 10.5 = 8.7b_1 + b_2 \\ 12.7 = 10.6b_1 + b_2 \end{cases}$$

解得 $\qquad\qquad b_1 = 1.10, \quad b_2 = 0.89$

故 $\qquad\qquad\qquad y = 1.10x + 0.89$

（2）图解法。

例 3　某实验数据如下：

x	1.00	2.40	6.60	14.0
y	1.79	2.90	5.40	8.2

求 y-x 的数学模型。

解　若直接将上述数据在直角坐标纸上作图，则其图形必为曲线，而将上述数据在对数坐标纸上标绘则得一直线，表明 y 和 x 的关系为 $y = ax^b$，即

$$\lg y = \lg a + b\lg x$$

令 $\qquad\qquad\qquad \lg y = Y, \quad \lg x = X$

则上式变换为 $\qquad\qquad Y = \lg a + bX$

根据上式，把实验数据 x、y 取对数 $\lg x = X$，$\lg y = Y$，在直角坐标纸中作图得一条直线。同理，为了解决每次取对数的麻烦，可以把 x、y 直接标在双对数坐标纸上，所得结果完全相同，如图 1-3-5 所示。

① 系数 b 的求法。

系数 b 即为直线的斜率，如图 1-3-5 所示的 AB 线的斜率。在对数坐标系上求取斜率的方法与直角坐标系上的求法不同。因为在对数坐标系上标度的数值是真数而不是对数，因此双对数坐标纸上直线的斜率需要用对数值来求算，或者在两坐标轴比例尺相同情况下直接用尺子在坐标纸上量取线段长度来求取。

$$b = \frac{\Delta y}{\Delta x} = \frac{\lg y_2 - \lg y_1}{\lg x_2 - \lg x_1} \qquad\qquad (1\text{-}3\text{-}18)$$

式中：Δy 与 Δx 的数值即为尺子测量而得的线段长度。

② 系数 a 的求法。

在双对数坐标系上，直线 $x = 1$ 处的纵轴与所绘直线相交处的 y 值，即为方程 $y = ax^b$ 中的 a 值。若所绘的直线在图上不能与 $x = 1$ 处的纵轴相交，则可在直线上任取一组数值 x 和 y（测定结果数据以外的点）和已求出的斜率 b，代入原方程 $y = ax^b$ 中，通过计算求得 a 值。

由图 1-3-5 可得，当 $\lg x = 0$ 时，$\lg a = 0.252\,9$，即

$$a = 1.79$$

$$b = \frac{\lg y_1 - \lg y_2}{\lg x_1 - \lg x_2} = \frac{15\text{ mm}}{25.7\text{ mm}} = 0.584$$

故 $\qquad\qquad\qquad y = 1.79x^{0.584}$

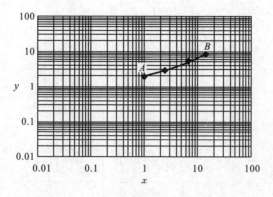

图 1-3-5 图解法求例 3 中的待定系数

（3）最小二乘法。

最小二乘法：各观测值与最佳值的残差的平方之和为最小。

对于 $y = B_0 + B_1 x_1 + B_2 x_2 + \cdots + B_m x_m$，求待定系数 B_i 时，数学模型的计算值 y 和实验值 y_i 的误差（或残差）平方之和为最小，即目标函数为

$$F = \min\left\{ \sum \left[f(B_i, x_i) - y_i \right]^2 \right\}$$

例 4 用最小二乘法求例 3 的数学模型。

解 $y = ax^b$，即 $\lg y = \lg a + b \lg x$。

为了简单起见，设 $Y = A + BX$，则

$$F = \sum (A + BX_i - Y_i)^2$$

由 $\dfrac{\partial F}{\partial A} = 0$ 得

$$\sum (A + BX_i - Y_i) = 0$$

由 $\dfrac{\partial F}{\partial B} = 0$ 得

$$\sum x_i (A + BX_i - Y_i) = 0$$

$$nA + B \sum X_i = \sum Y_i$$

$$A \sum X_i + B \sum X_i^2 = \sum Y_i X_i$$

$$A = \dfrac{\begin{vmatrix} \sum Y_i & \sum X_i \\ \sum Y_i X_i & \sum X_i^2 \end{vmatrix}}{\begin{vmatrix} n & \sum X_i \\ \sum X_i & \sum X_i^2 \end{vmatrix}}, \quad B = \dfrac{\begin{vmatrix} n & \sum Y_i \\ \sum X_i & \sum Y_i X_i \end{vmatrix}}{\begin{vmatrix} n & \sum X_i \\ \sum X_i & \sum X_i^2 \end{vmatrix}}$$

解得　　　　　　　　　　$A = 0.231\,2,\quad B = 0.602$

　　　　　　　　　　　　$a = 1.703,\quad b = 0.602$

即其数学模型为　　　　　　　$y = 1.703 x^{0.602}$

	$X_i = \lg x_i$	$Y_i = \lg y_i$	$X_i Y_i$	X_i^2
	0	0.230	0	0
	0.386	0.460	0.178	0.149
	0.819	0.732	0.600	0.671
	1.146	0.914	1.047	1.313
$\sum$	2.351	2.336	1.825	2.133

3) 数学模型的可靠程度

（1）标准误差为

$$\sigma = \sqrt{\dfrac{\sum (y_i - y_{ci})^2}{n - m}}$$

式中：n——实验数据点数；m——待定参数个数；y_i——第 i 实验点的函数值；y_{ci}——第 i 实验点的函数计算值。σ 越小，该方程精度越高。

（2）线性相关系数为

$$r = \dfrac{\sum (x_i - \bar{x})(y_i - \bar{y})}{\sqrt{\sum (x_i - \bar{x})^2 \sum (y_i - \bar{y})^2}}$$

$$\bar{x} = \dfrac{\sum x_i}{n},\quad \bar{y} = \dfrac{\sum y_i}{n}$$

$r = 0$，说明 x 与 y 无线性关系；$|r|$ 越接近 1，实验点密集于拟合方程周围；$|r| < 0.8$，表示该方程不能描述实验数据；$r > 0$，表示 y 随 x 增加而增加；$r < 0$，表示 y 随 x 增加而减少。

　　3. 由实验曲线求经验公式

　　如果在整理实验数据，选择数学模型时既无理论指导，又无经验可以借鉴，则应将实验数据先标绘在普通坐标纸上，得一直线或曲线。如果是直线，则根据初等数学知识可知，$y = a + bx$，其中 a、b 值可由直线的截距和斜率求得。如果 y 和 x 不是线性关系，则可将实验曲线与典型的函数曲线相对照，选择与实验曲线相似的典型曲线函数，然后用直线化方法处理，最后以所选函数与实验数据的符合程度加以检验。

　　常见函数的典型图形及线性化方法列于表 1-3-3 中。

表 1-3-3　化工中常见的曲线与函数式之间的关系

序号	图　形	函数及线性化方法
1	(b>0)　　(b<0)	双曲线函数 $y=\dfrac{x}{ax+b}$ 令 $Y=\dfrac{1}{y}$，$X=\dfrac{1}{x}$，则得直线方程 $Y=a+bX$
2		S 形曲线 $y=\dfrac{1}{a+b\mathrm{e}^{-x}}$ 令 $Y=\dfrac{1}{y}$，$X=\mathrm{e}^{-x}$，则得直线方程 $Y=a+bX$
3	(b<0)　　(b>0)	指数函数 $y=a\mathrm{e}^{bx}$ 令 $Y=\lg y$，$X=x$，$k=b\lg\mathrm{e}$，则得直线方程 $Y=\lg a+kX$
4	(b>0)　　(b<0)	指数函数 $y=a\mathrm{e}^{\frac{b}{x}}$ 令 $Y=\lg y$，$X=\dfrac{1}{x}$，$k=b\lg\mathrm{e}$，则得直线方程 $Y=\lg a+kX$
5	(b>0)　　(b<0)	幂函数 $y=ax^{b}$ 令 $Y=\lg y$，$X=\lg x$，则得直线方程 $Y=\lg a+bX$
6	(b>0)　　(b<0)	对数函数 $y=a+b\lg x$ 令 $Y=y$，$X=\lg x$，则得直线方程 $Y=a+bX$

3.3　实验数据的回归分析

尽管图解法有很多优点,但它的应用范围毕竟很有限。本节将介绍目前在寻求实验数据的变量关系间的数学模型时,应用最广泛的一种数学方法,即回归分析法。用这种数学方法可以从大量观测的散点数据中寻找到能反映事物内部关系的一些统计规律,并可以用数学模型的形式表达出来。回归分析法与计算机相结合,已成为确定经验公式最有效的手段之一。

回归也称拟合。对具有相关关系的两个变量,若用一条直线描述,则称为一元线性回归;用一条曲线描述,则称为一元非线性回归。对具有相关关系的三个变量,其中一个因变量、两个自变量,若用平面描述,则称为二元线性回归;用曲面描述,则称二元非线性回归。以此类推,可以延伸到对 n 维空间进行回归,称为多元线性回归或多元非线性回归。处理实验问题时,往往将非线性问题转化为线性问题来处理。建立线性回归方程的最有效方法为线性最小二乘法,下面主要讨论用最小二乘法回归一元线性方程的方法。

3.3.1　一元线性回归方程的求法

在科学实验的数据统计方法中,通常要从获得的实验数据 $(x_i, y_i, i=1, 2, \cdots, n)$ 中,寻找其自变量 x_i 与因变量 y_i 之间的函数关系 $y=f(x)$。由于实验测定数据一般存在误差,因此,不能要求所有的实验点均在 $y=f(x)$ 所表示的曲线上,只需满足实验点 (x_i, y_i) 与 $f(x_i)$ 的残差 $d_i=y_i-f(x_i)$ 小于给定的误差即可。此类寻求实验数据关系近似函数表达式 $y=f(x)$ 的问题称为曲线拟合。

曲线拟合首先应针对实验数据的特点,选择适宜的函数形式,确定拟合时的目标函数。例如,在取得两个变量的实验数据之后,若在普通直角坐标纸上标出各个数据点,且各点的分布近似于一条直线,则可考虑采用线性回归求其表达式。

设给定 n 个实验点 $(x_1, y_1), (x_2, y_2), \cdots, (x_n, y_n)$,其离散点图如图 1-3-6 所示。于是可以利用一条直线来代表它们之间的关系:

$$y' = a + bx \tag{1-3-19}$$

式中:y'——由回归式算出的值,称回归值;a、b——回归系数。

对每一测量值 x_i,可由式(1-3-19)求出一回归值 y_i'。回归值 y_i' 与实测值 y_i 之差的绝对值 $d_i=|y_i-y_i'|=|y_i-(a+bx_i)|$ 表明 y_i 与回归直线的偏离程度。二者偏离程度愈小,说明直线与实验数据点拟合愈好。$|y_i-y_i'|$ 值代表点 (x_i, y_i) 沿平行于 y 轴方向到回归直线的距离,如图 1-3-7 各竖直线 d_i 所示。

最理想的曲线拟合就是能使曲线各点的残差平方和为最小的拟合。曲线拟合时应确定目标函数。选择残差平方和为目标函数的处理方法即为最小二乘法。此

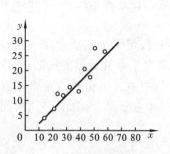

图 1-3-6 一元线性回归示意图

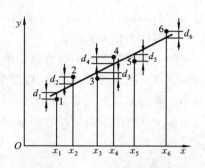

图 1-3-7 实验曲线示意图

法是寻求实验数据近似函数表达式的更为严格有效的方法。

设残差平方和 Q 为

$$Q = \sum_{i=1}^{n} d_i^2 = \sum_{i=1}^{n} [y_i - (a + bx_i)]^2 \tag{1-3-20}$$

其中 x_i、y_i 是已知值,故 Q 为 a 和 b 的函数。

为使 Q 值达到最小,根据数学上极值原理,只要将式(1-3-20)分别对 a 和 b 求偏导数 $\dfrac{\partial Q}{\partial a}$、$\dfrac{\partial Q}{\partial b}$,并令其等于零,即可求得 a 和 b 之值,这就是最小二乘法原理,即

$$\begin{cases} \dfrac{\partial Q}{\partial a} = -2 \sum_{i=1}^{n} (y_i - a - bx_i) = 0 \\[3mm] \dfrac{\partial Q}{\partial b} = -2 \sum_{i=1}^{n} (y_i - a - bx_i)x_i = 0 \end{cases} \tag{1-3-21}$$

由式(1-3-20)可得正规方程为

$$\begin{cases} a + \overline{x}b = \overline{y} \\[3mm] n\overline{x}a + (\sum_{i=1}^{n} x_i^2)b = \sum_{i=1}^{n} x_i y_i \end{cases} \tag{1-3-22}$$

式中

$$\overline{x} = \frac{1}{n} \sum_{i=1}^{n} x_i, \quad \overline{y} = \frac{1}{n} \sum_{i=1}^{n} y_i \tag{1-3-23}$$

解正规方程(1-3-22),可得到回归式中的 a(截距)和 b(斜率),即

$$b = \frac{\sum(x_i y_i) - n\overline{x}\,\overline{y}}{\sum x_i^2 - n(\overline{x})^2} \tag{1-3-24}$$

$$a = \overline{y} - b\overline{x} \tag{1-3-25}$$

3.3.2 回归效果的检验

实验数据变量之间的关系具有不确定性,一个变量的每一个值对应的是整个

集合值。当 x 改变时,y 的分布也以一定的方式改变。在这种情况下,变量 x 和 y 间的关系就称为相关关系。

在以上求回归方程的计算过程中,并不需要事先假定两个变量之间一定有某种相关关系。就方法本身而论,即使平面图上是一群完全杂乱无章的离散点,也能用最小二乘法给其配一条直线来表示 x 和 y 之间的关系。但显然这是毫无意义的。实际上只有两变量是线性关系时进行线性回归才有意义。因此,必须对回归效果进行检验。

1. 相关系数

可引入相关系数 r 对回归效果进行检验,相关系数 r 是说明两个变量线性关系密切程度的一个数量性指标。

若回归所得线性方程为 $y=a+bx$,则相关系数 r 的计算式为(推导过程略)

$$r = \frac{\sum (x_i - \overline{x})(y_i - \overline{y})}{\sqrt{\sum (x_i - \overline{x})^2 \sum (y_i - \overline{y})^2}} \tag{1-3-26}$$

r 的变化范围为 $-1 \leqslant r \leqslant 1$,其正、负号取决于 $\sum (x_i - \overline{x})(y_i - \overline{y})$,与回归直线方程的斜率 b 一致。r 的几何意义可用图 1-3-8 来说明。

当 $r=\pm 1$,即 n 组实验值 (x_i, y_i) 全部落在直线 $y=a+bx$ 上时,x,y 的关系称为完全相关,如图 1-3-8(d) 和 (e) 所示。

当 $0 < |r| < 1$ 时,代表绝大多数的情况,这时 x 与 y 存在着一定线性关系。当 $r > 0$ 时,散点图的分布是 y 随 x 增加而增加,此时称 x 与 y 正相关,如图 1-3-8(b)

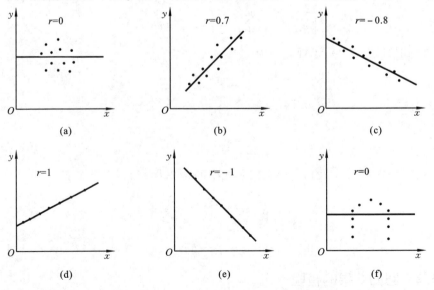

图 1-3-8　相关系数的几何意义

所示;当 $r<0$ 时,散点图的分布是 y 随 x 增加而减少,此时称 x 与 y 负相关,如图 1-3-8(c)所示。

$|r|$ 越小,散点离回归线越远,越分散。$|r|$ 越接近 1,n 组实验值(x_i,y_i)越靠近 $y=a+bx$,变量 y 与 x 之间的关系越接近于线性关系。

当 $r=0$ 时,变量之间就完全没有线性关系了,如图 1-3-8(a)所示。应该指出,没有线性关系,并不等于不存在其他函数关系,如图 1-3-8(f)所示。

2. 显著性检验

如上所述,相关系数 r 的绝对值愈接近 1,x、y 间愈是线性相关。但究竟 $|r|$ 接近到什么程度才能说明 x 与 y 之间存在线性相关关系呢?这就有必要对相关系数进行显著性检验。只有当 $|r|$ 达到一定程度才可以采用回归直线来近似地表示 x、y 之间的关系,此时可以说明相关关系显著。一般来说,相关系数 r 达到使相关显著的值与实验数据的个数 n 有关。因此只有 $|r|>r_{min}$ 时,才能采用线性回归方程来描述其变量之间的关系。r_{min} 值可以从表 1-3-4 中查出。利用该表可根据实验点个数 n 及显著水平系数 α 查出相应的 r_{min}。显著水平系数 α 一般可取 1% 或 5%。

表 1-3-4　相关系数检验表

r_{min}　α　$n-2$	0.05	0.01	r_{min}　α　$n-2$	0.05	0.01
1	0.997	1.000	15	0.482	0.606
2	0.950	0.990	16	0.468	0.590
3	0.878	0.959	17	0.456	0.575
4	0.811	0.917	18	0.444	0.561
5	0.754	0.874	19	0.433	0.549
6	0.707	0.834	20	0.423	0.537
7	0.666	0.798	21	0.413	0.526
8	0.632	0.765	22	0.404	0.515
9	0.602	0.735	23	0.396	0.505
10	0.576	0.708	24	0.388	0.496
11	0.553	0.684	25	0.381	0.487
12	0.532	0.661	26	0.374	0.478
13	0.514	0.641	27	0.367	0.470
14	0.497	0.623	28	0.361	0.463

续表

r_{min}＼α／$n-2$	0.05	0.01	r_{min}＼α／$n-2$	0.05	0.01
29	0.355	0.456	60	0.250	0.325
30	0.349	0.449	70	0.232	0.302
35	0.325	0.418	80	0.217	0.283
40	0.304	0.393	90	0.205	0.267
45	0.288	0.372	100	0.195	0.254
50	0.273	0.354	200	0.138	0.181

若 $|r| \geqslant 0.798$，则说明该线性相关关系在 $\alpha=0.01$ 水平上显著。若 $0.798 > |r| \geqslant 0.666$，则说明该线性相关关系在 $\alpha=0.05$ 水平上显著。若 $|r| < 0.666$，则说明相关关系不显著，此时认为 x、y 线性不相关，回归直线毫无意义。α 越小，显著程度越高。

以上是在一元的情况下讨论相关系数的，而多元线性拟合问题的相关性检验则比较复杂，本书不做讨论，需要时可查阅有关专著。

3.4　实验数据的计算机处理

本节以 Excel 软件为例介绍实验数据的计算机处理方法。

3.4.1　Excel 基础知识

1. 在单元格中输入公式

例 5　试计算 $\dfrac{32.76}{67} \times 4^7 \times 10^3 \times 10^{-2}$。

解　方法：在任意单元格中输入"$=32.76/67 * 4^7 * 1e3 * 1e-2$"，结果为 80 110。

注意：①一定不要忘记输入等号"="；②公式中需用括号时，只允许用"（）"，不允许用"｛｝"或"［］"；③若公式中包括函数，可通过"插入"菜单下的选"函数"命令得到；④$1e3 \Leftrightarrow 10^3$，$1e-2 \Leftrightarrow 10^{-2}$。

2. 处理化工原理实验数据时常用的函数

① POWER(number,power)$\Leftrightarrow$number^{power}。

提示：可以用"^"运算符代替函数 POWER 来表示对底数乘方的幂次，例如 4^7。

② SQRT(number)$\Leftrightarrow \sqrt{number}$，EXP(number)$\Leftrightarrow e^{number}$。

③ LN(number)⇔ln(number),LOG10(number)⇔lg (number)。

3. 在单元格中输入符号

例 6　在单元格 A1 中输入符号“λ”。

解　方法一:打开“插入”菜单→选“符号”命令插入希腊字母“λ”。

提醒:无论要输入什么符号,都可以通过“插入”菜单下的“符号”或“特殊符号”命令得到。

方法二:打开任意一种中文输入法,用鼠标单击键盘按钮,选择希腊字母,得到希腊字母键盘,用鼠标单击“λ”键。

3.4.2　Excel 处理化工原理实验数据示例

实验名称:流体流动阻力实验。

1. 原始数据

实验原始数据如图 1-3-9 所示。

流体流动阻力实验举例

	A	B	C	D	E	F
1	水温:	18.5℃				
2	管子材料:	不锈钢		直管压差指示剂:水银		
3	直管规格:	管长2m,管径Φ21mm		局部压差批示剂:氯仿		
4	闸阀:	管径Φ32mm				
5	仪表常数:	ζ=324.15次/升				
6						
7	序号	流量计示值	直管阻力/m².S⁻²		局部阻力/m².S⁻²	
8		次/秒	左	右	左	右
9	1	834	3.19	5.82	9.27	0.50
10	2	619	3.74	5.29	7.50	2.22
11	3	451	4.06	4.96	6.25	3.47
12	4	360	4.20	4.82	5.74	3.98
13	5	304	4.28	4.74	5.50	4.23
14	6	243	4.36	4.67	5.27	4.46
15	7	209	4.39	4.63	5.16	4.57
16	8	171	4.42	4.60	5.06	4.66
17	9	161	4.43	4.59	5.04	4.67
18	10	132	4.46	4.57	4.97	4.74

原始数据记录表 / 中间运算表 / 结果表

图 1-3-9　流体流动阻力实验原始数据

2. 数据处理

(1) 物性数据:查得 20 ℃下水的密度与黏度分别为 998.2 kg/m^3 和 1.005 mPa·s。

(2) 数据处理的计算过程。

① 插入 2 个新工作表。插入 2 个新工作表并分别命名为“中间运算表”和“结果表”,将“原始数据记录表”第 7 至 18 行内容复制至“中间运算表”内。

② 中间运算过程。在 C4:P4 单元格区域内输入公式。在单元格 G4 中输入公式“=D4-C4”——计算直管压差计读数(R_1);在单元格 H4 中输入公式“=E4-F4”——计算局部压差计读数(R_2);在单元格 I4 中输入公式“=B4/325”——计算管路流量($Q=F/\xi$);在单元格 J4 中输入公式“=4 * I4 * 1e-3/3.14159/(0.027^2)”——计算流体在直管内的流速($u=4Q/(\pi d^2)$);在单元格 K4 中输入公式“=4 * I4 * 1e-3/3.14159/(0.033^2)”——计算流体在与闸阀相连的直管中的流速($u=4Q/(\pi d^2)$);在单元格 L4 中输入公式“=(13600-998.2) * G4/998.2”——计算流体流过长为 2 m、内径为 27 mm 的直管的阻力损失($h_{f1}=\Delta p/\rho=(\rho_i-\rho)gR_1/\rho$);在单元格 M4 中输入公式“=(1477.5-998.2) * H4/998.2”——计算流体流过闸阀的阻力损失($h_{f2}=(\rho g\Delta z+\Delta p)/\rho=(\rho_{i2}-\rho)gR_2/\rho$);在单元格 N4 中输入公式“=L4 * 0.027/2 * 2/(J4^2) * 1e2”——计算摩擦因数($\lambda=h_{f1}\cdot(d_1/l)\cdot(2/u_1^2)$);在单元格 O4 中输入公式“=M4 * 2/(K4^2)”——计算局部阻力系数($\zeta=2h_{f2}/u_2^2$);在单元格 P4 中输入公式“=0.027 * J4 * 998.2/1.005le-3 * 1e-4”——计算流体在直管中流动的雷诺数$\left(Re=\dfrac{d_1u_1\rho}{\mu}\right)$。

选定 I4:P4 单元格区域(图 1-3-10),再用鼠标拖动 P4 单元格下的填充柄(单元格右下方的“+”号)至 P13,复制单元格内容,结果见图 1-3-11。

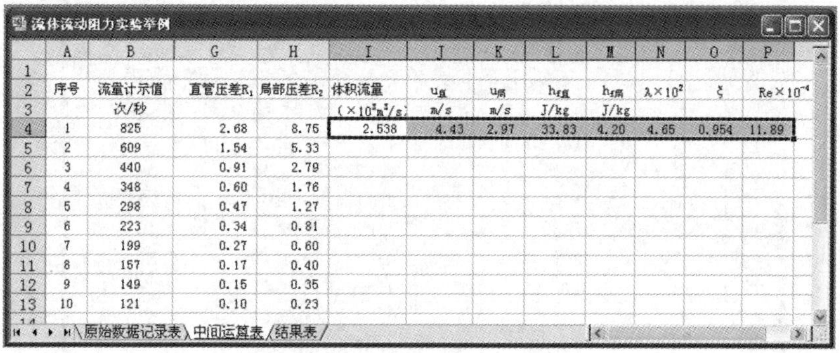
流体流动阻力实验举例

	A	B	G	H	I	J	K	L	M	N	O	P
1												
2	序号	流量计示值	直管压差R_1	局部压差R_2	体积流量	$u_{直}$	$u_{阀}$	$h_{f直}$	$h_{f阀}$	$\lambda\times10^2$	ξ	$Re\times10^{-4}$
3		次/秒			($\times10^3 m^3/s$)	m/s	m/s	J/kg	J/kg			
4	1	825	2.68	8.76	2.538	4.43	2.97	33.83	4.20	4.65	0.954	11.89
5	2	609	1.54	5.33								
6	3	440	0.91	2.79								
7	4	348	0.60	1.76								
8	5	298	0.47	1.27								
9	6	223	0.34	0.81								
10	7	199	0.27	0.60								
11	8	157	0.17	0.40								
12	9	149	0.15	0.35								
13	10	121	0.10	0.23								

图 1-3-10　选定单元格 I4:P4

③ 运算结果。将“中间运算表”中 A4:A13,N4:N13,O4:O13,P4:P13 单元格区域内容复制至“结果表”中,并添加 E 列与 F 列,其中 E2=B2 * 1e4,F2=C2 * 100,运算结果见图 1-3-12。

(3) 实验结果的图形表示——绘制 λ-Re 双对数坐标图。

① 打开图表向导。选定 E2:F11 单元格区域,单击工具栏上的“图表向导”(图 1-3-13),得到“图表向导—4 步骤之 1—图表类型”对话框(图 1-3-14)。

流体流动阻力实验举例

序号	流量计示值 次/秒	直管压差R_1	局部压差R_2	体积流量 ($\times10^3$m³/s)	u_g m/s	u_m m/s	h_{fg} J/kg	$h_{f局}$ J/kg	$\lambda\times10^2$	ξ	$Re\times10^{-4}$
1	825	2.68	8.75	2.538	4.43	2.97	33.83	4.20	4.65	0.954	11.89
2	609	1.54	5.33	1.874	3.15	1.95	19.44	2.56	5.37	1.349	8.62
3	440	0.91	2.79	1.354	2.28	1.41	11.49	1.34	6.08	1.353	6.23
4	348	0.60	1.76	1.071	1.80	1.11	7.57	0.85	6.41	1.365	4.92
5	298	0.47	1.27	0.917	1.54	0.95	5.93	0.61	6.85	1.343	4.22
6	223	0.34	0.81	0.686	1.16	0.71	4.29	0.39	8.84	1.529	3.16
7	199	0.30	0.60	0.612	1.03	0.64	3.41	0.29	8.82	1.423	2.82
8	157	0.17	0.40	0.483	0.81	0.50	2.15	0.19	8.92	1.524	2.22
9	149	0.15	0.35	0.458	0.77	0.48	1.89	0.17	8.74	1.480	2.11
10	121	0.10	0.10	0.372	0.63	0.39	1.26	0.11	8.84	1.475	1.71

原始数据记录表 中间运算表 结果表

图 1-3-11　复制 I4:P4 单元格内容后的结果

流体流动阻力实验举例

序号	$Re\times10^{-4}$	$\lambda\times10^2$	ξ	Re	λ
1	11.89	4.65	0.954	118896	0.0465
2	8.62	5.37	1.349	86171	0.0537
3	6.23	6.08	1.353	62258	0.0608
4	4.92	6.41	1.365	49241	0.0641
5	4.22	6.85	1.343	42166	0.0685
6	3.16	8.84	1.529	31554	0.0884
7	2.82	8.82	1.423	28158	0.0882
8	2.22	8.92	1.524	22215	0.0892
9	2.11	8.74	1.480	21083	0.0874
10	1.71	8.84	1.475	17121	0.0884

中间运算表 结果表

图 1-3-12　流体流动阻力实验结果表

文件(F)　编辑(E)　视图(V)　插入(I)　格式(O)　工具(T)　数据(D)　窗口(W)　帮助(H)

宋体　　12　　B I U　　　% 　　图表向导

图 1-3-13　图表向导

② 创建 λ-Re 图。单击"下一步"按钮,得到"图表向导—4 步骤之 2—图表源数据"对话框(图 1-3-15)。若系列产生在"行",改为系列产生在"列";单击"下一步"按钮,得到"图表向导—4 步骤之 3—图表选项"对话框(图 1-3-16),在数值 x 下输入 Re,在数值 y 下输入 λ;单击"下一步"按钮,得到"图表向导—4 步骤之 4—图表位置"对话框(图 1-3-17),单击"完成"按钮,得到直角坐标系下的"λ-Re"图(图 1-3-18)。

③ 修饰 λ-Re 图。

a. 清除网格线和绘图区填充效果。选定"数值 y 轴主要网格线",单击"Del"

图 1-3-14　图表向导之步骤一

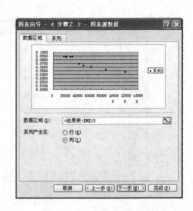

图 1-3-15　图表向导之步骤二

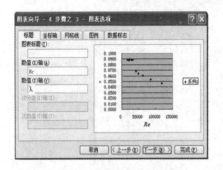

图 1-3-16　图表向导之步骤三

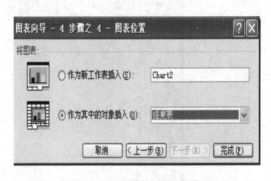

图 1-3-17　图表向导之步骤四

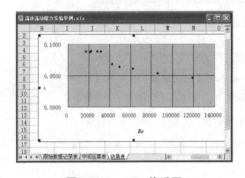

图 1-3-18　λ-Re 关系图

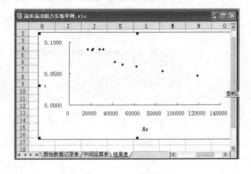

图 1-3-19　结果图

键,选定绘图区,单击"Del"键,结果见图 1-3-19。

　　b. 将 x、y 轴的刻度由直角坐标改为对数坐标。选定 x 轴,单击右键,选择坐标轴格式得到"坐标轴格式"对话框,根据 Re 的数值范围改变"最小值"、"最大值",将"主要刻度"改为"10",并选中"对数刻度",从而将 x 轴的刻度由直角坐标改为对数坐标(图 1-3-20)。同理将 y 轴的刻度由直角坐标改为对数坐标,改变坐标轴后得到结果如图 1-3-21 所示。

图 1-3-20　坐标轴格式对话框

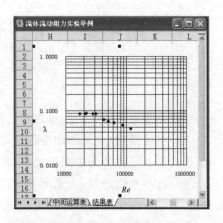

图 1-3-21　将 x、y 轴改为对数刻度

　　c. 用绘图工具绘制曲线。打开"绘图工具栏"（方法：单击菜单上的"视图"→选择"工具栏"→选择"绘图"命令），单击"自选图形"→指向"线条"→单击"曲线"命令（图 1-3-22），绘制曲线（方法：单击要开始绘制曲线的位置，再继续移动鼠标，然后单击要添加曲线的任意位置。若要结束绘制曲线，则随时双击鼠标），得到最终结果如图 1-3-23 所示。

　　化工原理其他实验的数据处理可参照上述方法进行。至于利用 Origin 求取经验公式中的常数、绘制双对数坐标图及一横轴多纵轴图的方法，由于篇幅有限，这里就不再讨论，需要时可查阅相关专著。

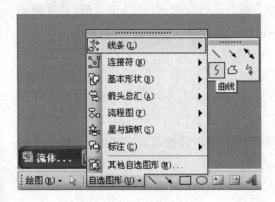

图 1-3-22　打开曲线工具

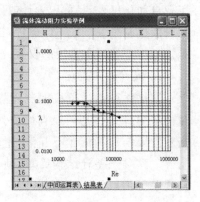

图 1-3-23　λ-Re 关系图

第4章　常用化工实验参数的测量仪表与测量方法

流体的温度、压力、流量以及物料的组成成分等数据是化工生产和科学实验过程中的重要信息,是选择和控制最优操作条件所必需的基础数据。用来测量这些参数的仪表统称为化工测量仪表,其种类很多,了解化工常见物理量的测量方法,合理地选择和使用仪表,既可节省投资,又能取得满意的效果。

本章就在化工实验中常用的测量仪表和测量方法作简要的介绍。

4.1　压力(差)的测量

在化工生产和科学实验中,经常会遇到流体压力的测量问题。均匀、垂直地作用于单位面积上的力称为压力,又称压强。压力的国际单位为 Pa(帕),但习惯上还采用其他单位,如 atm(标准大气压)、bar(巴)、某流体液柱高度、kgf/cm^2 等。在压力测量中,常有绝对压力、正压力(习惯上称表压)、负压(习惯上称真空度)之分。工程技术上所测量的多为表压。

压力是工业生产中的重要参数,压力测量仪表是用来测量气体或液体压力的工业自动化仪表,又称压力计或压力表。压力计可以指示、记录压力值,并可附加报警或控制装置。按工作原理,压力测量仪表可分为液柱式、弹性式和电气式等类型。现将各类型中常用的仪表分别作简单介绍。

1. 液柱式压差计

液柱式压差计是根据流体静力学原理,将被测压力转换成液柱高度进行测量的压力计。它是一根直的或弯成 U 形的玻璃管,其中充有液体作为指示液。指示液要与被测流体不互溶,不起化学反应。常用的指示液有蒸馏水、水银和酒精等。这种压差计结构简单、使用方便,但其精度受指示液的毛细管作用、密度及视差等因素的影响,故其测量范围较窄,一般用来测量较低的压力、真空度或压差。

常用的液柱式压差计主要有 U 形管压差计、倒置 U 形管压差计、单管压差计、倾斜液柱压差计、U 形管双指示液压差计等。其结构及特性详见表 1-4-1。

表 1-4-1　液柱式压差计结构及特性

名　称	示　意　图	测量范围	静　态　方　程	说　明
U形管压差计		高度差 R 不超过 800 mm	$\Delta p = Rg(\rho_A - \rho_B)$ （测液体） $\Delta p = Rg\rho_A$ （测气体） A—指示液； B—待测流体	零点在标尺中间，不需调零，常用做标准压差计校正流量计
倒置U形管压差计		高度差 R 不超过 800 mm	$\Delta p = Rg(\rho_A - \rho_B)$ （测液体） A—指示液； B—待测流体	以待测液为指示液，适用于较小压差的测量
单管压差计		高度差 R 不超过 1 500 mm	$\Delta p = R\rho\left(1+\frac{S_1}{S_2}\right)g$ 当 $S_1 \ll S_2$ 时，$\Delta p = R\rho g$ S_1——垂直管截面积； S_2——扩大室截面积	零点在标尺下端，用前需调零，可用做标准器
倾斜液柱压差计		高度差 R 不超过 200 mm	$\Delta p = l\rho\left(\sin\alpha+\frac{S_1}{S_2}\right)g$ 当 $S_1 \ll S_2$ 时，$\Delta p = l\rho g\sin\alpha = \rho g R$ S_1——垂直管截面积； S_2——扩大室截面积	α 小于 15° 时，可改变 α 的大小来调整测量范围。零点在标尺下端，用前需调零
U形管双指示液压差计		高度差 R 不超过 500 mm	$\Delta p = Rg(\rho_A - \rho_C)$ A、C—两种指示液； B—待测流体	U形管中装有两种密度相近的指示液，且两管上方有扩大室，以提高测量精度

液柱式压差计的灵敏度高,因此主要用做实验室中的低压基准仪表,以校验工作用压力测量仪表。由于指示液的重度在环境温度、重力加速度改变时会发生变化,故对测量的结果常需要进行温度和重力加速度等方面的修正。

2. 弹性式压力计

弹性式压力计是利用各种形式的弹性元件,在被测介质压力的作用下,产生变形的原理制成的测压仪表。这种仪表具有结构简单、使用可靠、读数清晰、价格低廉、测量范围宽以及有足够的精度等优点,是压力测量仪表中应用最多的一种。

弹性元件是一种简单可靠的测压敏感元件。当测压范围不同时,所用的弹性元件也不一样,常用的几种弹性元件的结构和特性如表 1-4-2 所示。

表 1-4-2　常用弹性式压力计的弹性元件的结构和特性

类别	名称	示意图	测量范围/Pa		输出特性	动态特性	
			最小	最大		时间常数/s	自振频率/Hz
薄膜式	平薄膜		$0\sim10^4$	$0\sim10^8$		$10^{-5}\sim10^{-2}$	$10\sim10^4$
	波纹膜		$0\sim1$	$0\sim10^6$		$10^{-2}\sim10^{-1}$	$10\sim10^2$
	挠性膜		$0\sim10^{-2}$	$0\sim10^5$		$10^{-2}\sim1$	$1\sim10^2$
波纹管式	波纹管		$0\sim1$	$0\sim10^6$		$10^{-2}\sim10^{-1}$	$10\sim10^2$
弹簧管式	单圈弹簧管		$0\sim10^2$	$0\sim10^9$		—	$10^2\sim10^3$
	多圈弹簧管		$0\sim10$	$0\sim10^8$		—	$10\sim10^2$

弹性式压力计按功能不同,可分为指示式压力计、电接点压力计和远传压力计等;按采用的弹性元件不同,可分为弹簧管压力计、波纹膜片压力计、膜盒压力计和波纹管压力计等。其中波纹膜片和波纹管多用于微压和低压测量,单圈和多圈弹簧管可用于高、中、低压,直到真空度的测量。

3. 电气式压力计

电气式压力计是一种利用金属或半导体的物理特性将压力转换为电信号(电压、电流或频率等)进行传输及显示的仪表。这种仪表的测量范围较广,可测 $7 \times 10^{-5} \sim 5 \times 10^{2}$ MPa 的压力,允许误差可小至 0.2%,并且可远距离传输信号。其代表性产品有应变片式、压阻式、霍尔片式压力传感器,力矩平衡式、电容式压力变送器等。

下面简要介绍应变片式压力传感器、压阻式压力传感器和电容式压力变送器。

1) 应变片式压力传感器

应变片式压力传感器是利用电阻应变原理构成的。它将应变片粘在一个夹紧的弹性膜片上,当弹性膜片两侧存在压差时,应变片跟随弹性膜片变形。由于应变片长度发生变化,其电阻值也相应变化,测量应变片电阻值的变化,将电阻值变化转变成压差变化,即可得到待测的压差。常见的应变片有金属应变片(金属丝或金属箔,见图 1-4-1、图 1-4-2)和半导体应变片(见图 1-4-3)两类。

应变片式压力传感器具有灵敏度和精确度较高、信号线形输出、性能良好的特点。

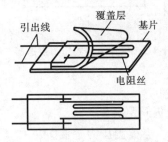
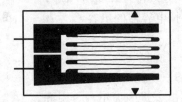
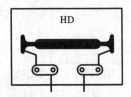

图 1-4-1　金属丝式电阻应变片　　　图 1-4-2　金属箔式应变片　　　图 1-4-3　半导体应变片

2) 压阻式压力传感器

压阻式压力传感器是利用单晶硅的压阻效应构成的,一般称为固态压力传感器或扩散型压阻式压力传感器。它是将单晶硅膜片和电阻条采用集成电路工艺结合在一起,构成硅压阻芯片,然后将此芯片封接在传感器的外壳内,连接出电极引线而制成的,有时又称为集成压力传感器。典型的压阻式压力传感器的结构原理如图 1-4-4 所示。硅平膜片在圆形硅杯的底部,其两边有两个压力腔,分别输入被测差压或被测压力与参考压力。高压腔接被测压力,低压腔与大气连通或接参考压力。膜片上的两对电阻中,一对位于受压应力区,另一对位于受拉应力区,当压

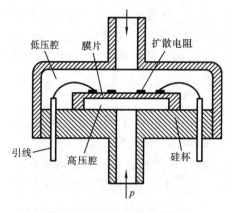

图 1-4-4　压阻式压力传感器

力差使膜片变形时,膜片上的两对电阻阻值将发生变化,使电桥输出相应压力变化的信号。为了补偿温度效应的影响,一般还可在膜片上沿对压力不敏感的晶向生成一个电阻,这个电阻只感受温度变化,可接入桥路作为温度补偿电阻,以提高测量精度。

压阻式压力传感器具有灵敏度高、频率响应高、测量范围宽(可测低至 10 Pa 的微压到高至 60 MPa 的高压)、精度高(其精度可达±0.2％至±0.02％)、工作可靠、易于微小型化(目前国内已生产出直径为

1.8~2 mm 的压阻式压力传感器),可以在恶劣的环境下工作等特点。它不仅可以用来测量压力,而且稍加改变后,就可以用来测量压差、高度、速度等参数。

3) 电容式压力变送器

20 世纪 70 年代初由美国最先投放市场的电容式压力变送器是一种开环检测仪表,它是先将压力的变化转换为电容量的变化,然后进行测量的。利用两平板电容测量压力的电容式压力变送器如图 1-4-5 所示。

当压力 p 作用于平板时,平板产生位移,改变了两平行板间的距离 d,从而引起电容量发生变化,经测量线路可以求出作用压力 p 的大小。当忽略边缘效应时,平板电容器的电容 C 为

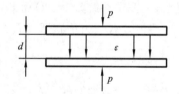

图 1-4-5　平板电容式压力变送器

$$C = \frac{\varepsilon S}{d} \tag{1-4-1}$$

式中:ε——介电常数;S——极板间重叠面积;d——极板间距离。

从式(1-4-1)可见,电容量的大小与 S、ε 和 d 有关。当被测压力控制 S、ε 和 d 三者中的任一参数时,就可以得到电容量的增量与被测压力之间的函数关系 $\Delta C = f(p)$。由于电容式压力变换器只完成 p 与 C 的函数转换,因而,还必须进行二次转换 $U = f(C)$,这样测出电压 U 的数值便可求出被测压力 p 的大小。一般采用电感臂电桥电路和双 T 电桥电路。在电感臂电桥电路中,交流电桥的输出经放大相敏检波后进行测量;而双 T 电桥电路则把压力引起的电容变化转换成电压输出。

电容式压力变换器主要有以下特点:①灵敏度很高,特别适用于低压和微压测试;②内部几乎不存在摩擦,本身也不消耗能量,减小了测量误差;③具有极小的可动质量,因而有较高的固有频率,保证了良好的动态响应能力;④用气体或真空作绝缘介质,介质损失小,本身不会引起温度变化;⑤结构简单,多数采用玻璃、石英

或陶瓷作绝缘支架,可以在高温、辐射等恶劣条件下工作。

　　4. 压力计的选用与安装

　　正确选用及安装压力计是保证压力计在生产和科学实验过程中发挥应有作用的重要环节。

　　1) 压力计的正确选用

　　压力计的选用应根据使用要求,针对具体情况作具体分析。一般应考虑以下几方面的问题。

　　(1) 仪表类型的选用。仪表类型的选用必须满足工艺过程或实验研究对压力测量的要求,如是否需要远传变送、报警或自动记录功能等,被测介质的物理化学性质和状态(如黏度、温度、腐蚀性、清洁程度、易燃易爆性等)是否对测量仪表提出特殊要求,周围环境条件(如温度、湿度、电磁场、振动等)对仪表类型是否有特殊要求等。

　　(2) 仪表测量范围的确定。仪表的测量范围是指仪表刻度的下限值到上限值,它是根据操作中所需测量的参数大小来确定的。测量压力时,为了避免压力计超负荷而损坏,压力计的上限值应该高于实际操作中可能的最大压力值。对于弹性式压力计,在测量稳定压力时,最大工作压力不应超过其测量上限值的 2/3;在测量高压力时,最大工作压力不应超过其测量上限值的 3/5;在测量波动较大的压力时,最大工作压力不应超过其测量上限值的 1/2。

　　此外,为保证测量值的准确度,所测压力值不能太接近仪表的下限值,一般以被测压力的最小值与仪表的下限值之差不低于仪表全量程的 1/3 为宜。

　　根据被测参数的最大、最小值计算出仪表的上、下限后,还不能以此数值直接作为选用仪表测量范围的依据,因为仪表标尺的极限值不是任意取一个数字就可以的,它是国家标准规定了的。因此,选用仪表标尺的极限值时,要按照相应标准中的数值选用(一般在相应的产品目录或工艺手册中可查到)。

　　(3) 仪表精度等级的选取。仪表精度等级是由工艺生产或科学实验所允许的最大测量误差来确定的。一般来说,仪表越精密,测量结果就越精确、可靠,但不能认为选用的仪表精度越高越好。因为越精密的仪表,一般价格越高,维护和操作要求越高。因此,应在满足操作要求的前提下,本着节约的原则,尽可能地选择精度等级较低、价廉耐用的仪表。

　　2) 测压点的选择

　　所选择的测压点处的压力应能反映被测压力的真实大小,为此必须注意以下几点:

　　(1) 测压点要选在被测介质直线流动的管段部分,不要选在管路拐弯、分叉、死角或其他易形成旋涡的地方。

　　(2) 测量流动介质的压力时,测压点与流动方向应垂直,取压管内端面与设备连接处的内壁应保持平齐,不应有凹凸或毛刺。

(3) 测量液体压力时,测压点应在管道下部,导压管内不应积存气体;测量气体压力时,测压点应在管道上方,导压管内不应积存液体。

3) 测压孔的影响

测压孔又称取压孔,由于在管道壁面上开设了测压孔,不可避免地会扰乱它所在处流体流动的情况,流体流线会向孔内弯曲,并在孔内引起旋涡,这样从测压孔引出的静压力和流体真实的静压力存在误差。此误差与孔附近的流体流动状态有关,也与孔的尺寸、深度、几何形状和孔轴方向等因素有关。

理论上,测压孔的孔径越小越好,但孔口太小,会使加工困难,且易被堵塞,另外还使测压的动态性能变差。一般孔径取 0.5~1 mm,孔深与孔径之比不小于 3。

4) 导压管的铺设

导压管是测压孔与压力计之间的连接管,其作用是传递压力。铺设导压管时可参照以下原则:

(1) 导压管粗细要合适,一般内径为 6~10 mm,应尽可能短,最长不得超过 50 m,以减少压力指示的迟滞;

(2) 导压管水平安装时应保证有 1:(10~20)的倾斜度,以利于积存于其中的液体或气体的排出;

(3) 当被测介质易冷凝或冻结时,必须加设保温伴热管线。

5) 压力计的安装

压力计的安装应注意以下几点:

(1) 安装地点应力求避免震荡和高温影响。弹性式压力计在高温情况下,其指示值将偏高,因此一般应在低于 50 ℃ 的环境下工作,或利用必要的防高温防热措施。

(2) 测压孔到压力计之间应装有切断阀,以便于压力计和导压管的检修,对于精度较高的或量程较小的测量仪表,切断阀可防止压力的突然冲击或过载。切断阀应装设在靠近测压孔的位置。

(3) 全部导压管应密封良好,无渗漏现象,渗漏会造成很大的测量误差,因此安装导压管后应做一次耐压试验,试验压力为操作压力的 1.5 倍,气密性试验压力为 400 mmHg。

(4) 针对被测介质的不同性质,要采取相应的防热、防冻、防腐、防堵等措施。如测量蒸气压力时,应加装凝液管,以防止高温蒸气与测压元件直接接触;对于有腐蚀性介质的压力测量,应加装中性介质的隔离罐等。

(5) 在测量液体流动管道上下游两点间压差时,若气体混入,形成气液两相流,则其测量结果不可取。因为单相流动阻力与气液两相流动阻力的数值及规律差别很大。例如,在离心泵吸入口处是负压,文丘里管等节流式流量计的节流孔处可能是负压,管内液体从高处向低处常压储槽流动时,高段是负压,这些部位有空气漏入时,对测量结果影响很大。

4.2　流速与流量的测量

1. 测速管

1) 测速管的结构与测量原理

测速管又称皮托管(Pitot tube),如图 1-4-6 所示。

测速管由两根弯成直角的同心套管组成,内管管口正对着管道中流体流动方向,外管的管口是封闭的,在外管前端壁面四周开有若干测压小孔。为了减小误差,测速管的前端经常做成半球形以减少涡流。测速管的内管与外管分别与 U 形管压差计相连。内管所测的是流体在 A 处的局部动能和静压能之和,称为冲压能。设皮托管内管的管口外侧(测量点处)沿管轴方向的点速度为 u_r(m/s),皮托管外管取压孔处的静压力为 p_1,皮托管内管的管口截面 2 处的总压力为 p_2,流体的密度为 ρ,则

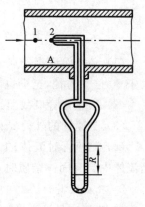

图 1-4-6　测速管(皮托管)

$$p_2 = p_1 + \frac{\rho u_r^2}{2} \tag{1-4-2}$$

对于不可压缩流体,由上式推出测速点的流速为

$$u_r = C \sqrt{\frac{2(p_2 - p_1)}{\rho}} \tag{1-4-3}$$

式中:C——校正系数(通常取 $0.98\sim1.00$,但有时为了提高测量精度,C 值应在仪表校正时确定);$p_2 - p_1$——总压力与静压力之差,由压差计测出。

由此可知,测速管实际测得的是流体在管截面某处的点速度,因此利用测速管可以测得流体在管内的速度分布。而流量可对速度分布曲线进行积分而得到。也可以根据皮托管测量管中心的最大流速 u_{max},利用图 1-4-7 所示的关系查取最大速度与平均速度的关系,求出管截面的平均速度,进而计算出流量,此法较常用。

测速管的优点是压降小,价格低廉,可以测量点流速和速度分布,必要时可以标定安装在大直径管路上的各种流量计,但是测量结果受流速分布影响严重,且计算繁杂,准确度较低。故其通常适用于测量大直径管路中的气体流速,而不能直接测量平均流速,且压差读数小,须配以微差压差计。

2) 测速管的使用

测速管的使用须注意以下几点:

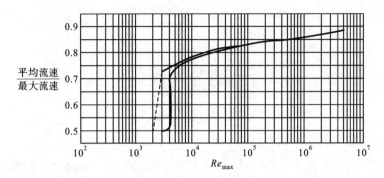

图 1-4-7　平均流速与最大流速的比和 Re_{max} 的关系

（1）必须保证测量点位于均匀流段，一般要求测量点上、下游的直管长度最好大于 50 倍管内径，至少也应大于 8 倍。

（2）测速管管口截面必须垂直于流体流动方向，任何偏离都将导致负偏差。

（3）测速管的外径 d_o 不应超过管内径 d_i 的 1/50，即 $d_o \leqslant d_i/50$。

（4）测速管对流体的阻力较小，适用于测量大直径管道中清洁气体的流速。当流体中含有固体杂质时，易将测压孔堵塞，故不宜采用。

2. 孔板流量计

1）孔板流量计的结构与测量原理

孔板流量计属于差压式流量计，是利用流体流经节流元件产生的压差来实现流量测量的。孔板流量计的节流元件为孔板，即中央开有圆孔的金属板，其结构如图 1-4-8 所示。将孔板垂直安装在管道中，以一定取压方式测取孔板前后两端的压差，并与压差计相连，即构成孔板流量计。

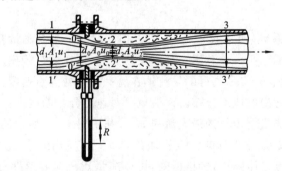

图 1-4-8　孔板流量计

在图 1-4-8 所示流量计中，流体在管道截面 1—1′ 前，以一定的流速 u_1 流动，因后面有节流元件，当到达截面 1—1′ 后流束开始收缩，流速增加。由于惯性的作用，流束的最小截面并不在孔口处，而是经过孔板后仍继续收缩，到截面 2—2′ 处达到最小，流速 u_2 达到最大。流束截面最小处称为缩脉。随后流束又逐渐扩大，直至截面 3—3′处,又恢复到原有流体截面,流速也降低到原来的数值。

流体在缩脉处,流速最高,即动能最大,而相应的压力就最低,因此当流体以一定流量流经小孔时,在孔前后会产生一定的压差 $\Delta p = p_1 - p_2$。流量愈大,Δp 也就愈大,所以利用测量压差的方法就可以测量流量。

2)孔板流量计的流量方程

孔板流量计的流量与压差的关系,可由连续性方程和伯努利方程推导得到。

如图 1-4-8 所示,在 1—1′截面和 2—2′截面间列伯努利方程,暂时不计能量损失,有

$$\frac{p_1}{\rho} + \frac{1}{2}u_1^2 = \frac{p_2}{\rho} + \frac{1}{2}u_2^2 \tag{1-4-4}$$

化简得

$$\frac{u_2^2 - u_1^2}{2} = \frac{p_1 - p_2}{\rho} \tag{1-4-5}$$

或

$$\sqrt{u_2^2 - u_1^2} = \sqrt{\frac{2\Delta p}{\rho}} \tag{1-4-6}$$

考虑到:①实际上流体流经孔板时有能量损失,并且缩脉位置通常不易确定,A_2 未知;②虽然孔口截面积 A_0 已知,但为便于计算,可用孔口速度 u_0 替代缩脉处速度 u_2;③实际测量中两测压孔不一定恰好在 1—1′截面和 2—2′截面上,故实际上,引入校正系数 C 来校正上述各因素的影响,校正后的计算式为

$$\sqrt{u_2^2 - u_1^2} = C\sqrt{\frac{2\Delta p}{\rho}} \tag{1-4-7}$$

对于不可压缩流体,有 $u_1 = u_0 \dfrac{A_0}{A_1}$,且 $u_2 = u_0$,代入上式得

$$u_0 = \frac{C}{\sqrt{1 - \left(\frac{A_0}{A_1}\right)^2}} \cdot \sqrt{\frac{2\Delta p}{\rho}}$$

令 $\alpha_0 = \dfrac{C}{\sqrt{1 - \left(\frac{A_0}{A_1}\right)^2}}$,则

$$u_0 = \alpha_0 \sqrt{\frac{2\Delta p}{\rho}} \tag{1-4-8}$$

由压差计得

$$\Delta p = Rg(\rho_0 - \rho)$$

式中:R——U 形管压差计的读数。代入上式得

$$u_0 = \alpha_0 \sqrt{\frac{2Rg(\rho_0 - \rho)}{\rho}} \tag{1-4-9}$$

根据 u_0 的数值即可计算流体的体积流量，即

$$Q_{V,s} = A_0 u_0 = \alpha_0 A_0 \sqrt{\frac{2Rg(\rho_0 - \rho)}{\rho}} \tag{1-4-10}$$

根据 u_0 的数值即可计算流体的质量流量，即

$$Q_{m,s} = A_0 u_0 \rho = \alpha_0 A_0 \sqrt{2R\rho g(\rho_0 - \rho)} \tag{1-4-11}$$

式中：α_0——流量系数或孔板（流）系数，其值由实验确定。采用角接法时，流量系数 α_0 与 Re、A_0/A_1 的关系如图 1-4-9 所示。图中 $Re = \dfrac{d_1 u_1 \rho}{\mu}$，为流体流经管路的雷诺数，$A_0/A_1$ 为孔口面积与管截面积之比。

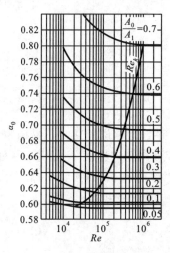

图 1-4-9　孔板流量计的 α_0 与 Re、A_0/A_1 的关系曲线

从图 1-4-9 可以看出，对于 A_0/A_1 相同的标准孔板，α_0 只是 Re 的函数，并随 Re 的增大而减小。当增大到一定界限值之后，α_0 不再随 Re 变化，成为一个仅取决于 A_0/A_1 的常数。选用或设计孔板流量计时，应尽量使常用流量在此范围内。常用的 α_0 值为 $0.6\sim0.7$。

用式（1-4-10）或式（1-4-11）计算流体的流量时，必须先确定流量系数 α_0 值，但 α_0 值又与 Re 有关，而管道中的流体流速又是未知的，故无法计算 Re 值，此时可采用试差法。即先假设 Re 超过其界限值 Re_k，由 A_0/A_1 从图 1-4-9 中查得 α_0 值，然后根据式（1-4-10）或式（1-4-11）计算流量，再计算管道中的流速及相应的 Re。若所得的 Re 值大于界限值 Re_k，则表明原来的假设正确；否则需重新假设 α_0 值。重复上述计算，直至计算值与假设值相符为止。

由式（1-4-10）可知，当流量系数 α_0 值为常数时，$Q_{V,s} \propto \sqrt{R}$。这表明 U 形管压差计的读数 R 与流量的平方成正比，即流量的少量变化将导致读数 R 较大的变化，因此测量的灵敏度较高。此外，由以上关系可以看出，孔板流量计的测量范围受 U 形管压差计量程的限制，同时考虑到孔板流量计的能量损失随流量的增大而迅速地增加，故孔板流量计不适用于测量流量范围较大的场合。

3）孔板流量计的安装及其优缺点

孔板流量计安装时，上、下游需要有一段内径不变的直管作为稳定段，上游长度至少为管径的 10 倍，下游长度为管径的 5 倍。

孔板流量计结构简单，制造与安装都很方便，但是能量损失较大，这主要是流体流经孔板时，截面的突然缩小与扩大形成大量涡流所致。如前所述，虽然流体经管口后某一位置流速已恢复至与孔板前相同，但静压力不能恢复，产生了永久压力

降 Δp_f。此压降随面积比 A_0/A_1 的减小而增大。另外,孔口直径减小时,孔速提高,读数 R 增大,因此设计孔板流量计时应选择适当的面积比 A_0/A_1,以期兼顾到 U 形管压差计适宜的读数和允许的压降。

3. 转子流量计

1) 转子流量计的结构与测量原理

转子流量计的结构如图 1-4-10 所示。

转子流量计由一段上粗下细的锥形玻璃管(锥角在 4°左右)和管内一个密度大于被测流体的固体转子(或称浮子)所构成。流体自玻璃管底部流入,经过转子和管壁之间的环隙,再从顶部流出。管中无流体通过时,转子沉在管底部。当被测流体以一定的流量流经转子与管壁之间的环隙时,由于流道截面减小,流速增大,压力随之降低,于是在转子上、下端面形成一个压差,将转子托起,使转子上浮。随转子的上浮,环隙面积逐渐增大,流速减小,压力增加,从而使转子两端的压差降低。当转子上浮至某一高度,转子两端面压差造成的升力恰好等于转子的重力时,转子不再上升,而悬浮在该高度。转子流量计玻璃管外表面上刻有流量值,根据转子平衡时其上端平面所处的位置,即可读取相应的流量。

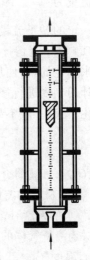

图 1-4-10 转子流量计

2) 转子流量计的流量方程

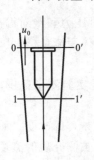

图 1-4-11 转子流量计示意图

(1) 转子流量计的流量方程可根据转子受力平衡导出。在图 1-4-11 中,取转子下端截面为 1—1′,上端截面为 0—0′,用 V_f、A_f、ρ_f 分别表示转子的体积、最大截面积和密度。当转子处于平衡位置时,转子两端面压差造成的升力等于转子的重力,即

$$(p_1 - p_0)A_f = (\rho_f - \rho)V_f g \qquad (1\text{-}4\text{-}12)$$

p_1、p_0 的关系可由在 1—1′ 截面和 0—0′ 截面间列伯努利方程获得,即

$$\frac{p_1}{\rho} + \frac{u_1^2}{2} + z_1 g = \frac{p_0}{\rho} + \frac{u_0^2}{2} + z_0 g$$

整理得 $\qquad p_1 - p_0 = (z_0 - z_1)\rho g + \dfrac{\rho}{2}(u_0^2 - u_1^2)$

两边同乘以最大截面积 A_f,则有

$$(p_1 - p_0)A_f = A_f(z_0 - z_1)\rho g + A_f \frac{\rho}{2}(u_0^2 - u_1^2) \qquad (1\text{-}4\text{-}13)$$

若用 A_0 代表转子与锥形管间环隙的截面积,用 C_R 代表校正因素,则流过转子流量计的流体的体积流量为

$$Q_{V,s} = uA_0 = C_R A_0 \sqrt{\frac{2gV_f(\rho_f - \rho)}{\rho A_f}} \qquad (1\text{-}4\text{-}14)$$

质量流量为

$$Q_{m,s} = u\rho A_0 = C_R A_0 \sqrt{\frac{2gV_f(\rho_f - \rho)\rho}{A_f}} \qquad (1\text{-}4\text{-}15)$$

对于一定的转子流量计,C_R 为常数。

(2) 转子流量计的流量换算。对于测量液体的转子流量计,制造厂是在常温下用水标定的,若使用时被测介质不是水而是其他液体,则由于密度不同,必须对流量计的刻度进行修正或重新标定。对一般介质,当温度和压力改变时,流体的黏度变化不大(一般不超过 $0.01~Pa \cdot s$),故可通过下式对流体的体积流量进行修正:

$$Q_{实} = \sqrt{\frac{(\rho_f - \rho)\rho_水}{(\rho_f - \rho_水)\rho}} \cdot Q_{标}$$

式中:$Q_{实}$——被测介质实际流量,m^3/s;$Q_{标}$——用水标定时的刻度流量,m^3/s;ρ_f——转子材料的密度,kg/m^3;ρ——被测流体的密度,kg/m^3;$\rho_水$——标定条件下(20 ℃)水的密度,kg/m^3。

对于测量气体的转子流量计,制造厂是在工业标准状态下,即压力 $p_0 = 1.013 \times 10^5~Pa$、温度 $T_0 = 293~K$,用空气标定出厂的。对于非空气介质和在不同于上述标准状态下使用时,可按下式进行修正:

$$Q_1 = Q_0 \sqrt{\frac{\rho_0 p_1 T_0}{\rho_1 p_0 T_1}}$$

式中:Q_1、ρ_1、p_1、T_1——工作状态下介质的体积流量、密度、绝对压力和绝对温度;Q_2、ρ_2、p_2、T_2——在标准状态下($1.013 \times 10^5~Pa$,293 K)空气的体积流量、密度、绝对压力和绝对温度。

(3) 转子流量计量程的改变。当购买来的流量计不能满足实验测量范围时,可用以下方法改变量程。

① 改变转子的密度。当改变转子材料的密度 ρ_f 时,会引起量程的改变。如增加转子密度,就可以增大量程,即同一高度的转子位置所对应的被测介质的流量将增大。因此,选择不同材料的同形转子,就可以达到改变转子流量计量程的目的。

$$\frac{Q_{转子1}}{Q_{转子2}} = \sqrt{\frac{\rho_{f1} - \rho_液}{\rho_{f2} - \rho_液}}$$

② 改变转子直径或车削转子。由式(1-4-14)可知,转子密度 ρ_f、转子的体积 V_f、环隙截面积 A_0 都与流量有关,而其中环隙截面积与转子的最大截面积有关。当改变转子的直径,则流量变化可由下式表示:

$$\frac{Q_1}{Q_2} = \phi_{12} \frac{A_{01}}{A_{02}}$$

式中：ϕ_{12}——转子形状相对变化系数。

流量范围的变化关系为：

$$\left(\frac{Q_{max}}{Q_{min}}\right)_1 \bigg/ \left(\frac{Q_{max}}{Q_{min}}\right)_2 = \left(\frac{A_{0max}}{A_{0min}}\right)_1 \bigg/ \left(\frac{A_{0max}}{A_{0min}}\right)_2$$

式中：$\dfrac{Q_{max}}{Q_{min}} = \dfrac{A_{0max}}{A_{0min}}$——测定流量的范围；$A_{0max}/A_{0min}$——玻璃管与转子之间上、下环隙截面积之比。

3）转子流量计的安装与使用

转子流量计在安装和使用时应注意以下问题：

（1）转子流量计必须垂直安装，不允许有明显的倾斜（倾角要小于 2°），否则会带来测量误差。

（2）为了检修方便，在转子流量计上游应设置调节阀。

（3）转子对沾污比较敏感。如果粘有污垢，则转子的质量、环形通道的截面积会发生变化，甚至还可能出现转子不能上下垂直浮动的情况，从而引起测量误差。

（4）调节或控制流量不宜采用电磁阀等速开阀门。否则，开启阀门过快，转子就会冲到顶部，因骤然受阻失去平衡而将玻璃管撞破或将玻璃转子撞碎。

（5）当被测流体温度高于 70 ℃时，应在流量计外侧安装保护套，以防玻璃管因溅到冷水而骤冷破裂。国产 LZB 系列转子流量计的最高工作温度有 120 ℃和 160 ℃两种。

4. 文丘里流量计

孔板流量计的主要缺点是其在测量过程中使流体的能量损失较大，其原因在于孔板前后的突然缩小与突然扩大。若用一段渐缩、渐扩管代替孔板，所构成的流量计称为文丘里（Venturi）流量计或文氏流量计，如图 1-4-12 所示。当流体经过文丘里管时，由于均匀收缩和逐渐扩大，流速变化平缓，涡流较少，故流体的能量损失比使用孔板流量计时大大减少。

文丘里流量计的测量原理与孔板流量计相同，也属于差压式流量计，其流量公式也与孔板流量计相似。

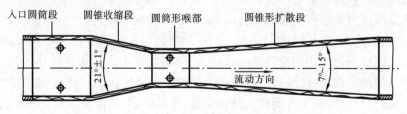

图 1-4-12　文丘里流量计

　　由于使用文丘里流量计测量时流体的能量损失较小,文丘里流量计流量系数较孔板大,因此在具有相同压差计读数 R 时流体流量比孔板流量计大。文丘里流量计的缺点是加工较难,加工精度要求高,造价高,安装时需占去一定管长位置。

　　5. 涡轮流量计

　　涡轮流量计是以动量矩守恒原理为基础而设计的流量测量仪表。

　　涡轮流量计的优点如下:①测量精度高。其精度可以达到 0.5 级以上,在狭小范围内甚至可达 0.1 级,故可作为校验 1.5～2.5 级普通流量计的标准计量仪表。②对被测信号变化的反应快。若被测介质为水,涡轮流量计的时间常数一般只有几毫秒到几十毫秒,因此特别适用于脉动流量的测量。

　　1) 涡轮流量变送器的结构和工作原理

　　涡轮流量计由涡轮流量变送器和显示仪表组成。涡轮流量变送器包括涡轮、导流器、磁电感应转换器、外壳及前置放大器等部分,如图 1-4-13 所示。

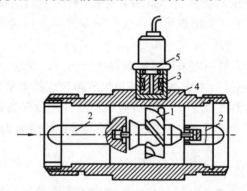

图 1-4-13　涡轮流量变送器结构图
1—涡轮;2—导流器;3—磁电感应转换器;4—外壳;5—前置放大器

　　涡轮是用高磁导率的不锈钢材料制成,叶轮芯上装有螺旋形叶片,流体作用于叶片上使之旋转。导流器用以稳定流体的流向并支撑叶轮。磁电感应转换器由线圈和磁铁组成,用以将叶轮的转速转换成相应的电信号。涡轮流量计的外壳由非导磁不锈钢制成,用以固定和保护内部零件,并与流体管道连接。前置放大器用以放大磁电感应转换器输出的微弱电信号,进行远距离传送。

　　当流体通过安装有涡轮的管路时,流体冲击涡轮并使之发生旋转。流体的流速愈高,动能愈大,涡轮转速也就愈高。在一定的流量范围和流体黏度下,涡轮的转速和流速成正比。当涡轮转动时,涡轮叶片切割置于该变送器壳体上的检测线圈所产生的磁力线,使检测线圈磁电路上的磁阻周期性变化,线圈中的磁通量也跟着发生周期性变化,检测线圈产生脉冲信号,即脉冲数,其值与涡轮的转速成正比,也即与流量成正比。这个电信号经前置放大器放大后,送入电子频率仪或涡轮流量计算指示仪,以累积和指示流量。

2）涡轮流量计的安装和使用

在安装和使用涡轮流量计时应注意以下问题：

（1）涡轮流量计出厂时是在水平安装情况下标定的,因此为了保证涡轮流量计的测量精度,涡轮变送器必须水平安装,否则会引起变送器的仪表常数发生变化。

（2）因为流场变化会使流体旋转,改变流体和涡轮叶片的作用角度,此时,即使流量稳定,涡轮的转速也会改变,所以为了保证变送器性能稳定,除了在其内部设置导流器外,还必须在变送器前后留出一定的直管段。一般入口直管段的长度至少为 20 倍管径,出口直管段的长度至少为 15 倍管径。

（3）为了确保变送器叶轮正常工作,流体必须洁净,切勿使污物、铁屑等进入变送器。因此在使用涡轮流量计时,一般应加装过滤器,网孔密度一般为每平方厘米 100 孔,以保持被测介质的洁净,减少磨损,并防止涡轮被卡住。

（4）涡轮流量计的一般工作点最好在仪表测量范围上限数值的 50% 以上,以保证流量稍有波动时,工作点不至移至特性曲线下限以外的区域。

（5）被测流体的流动方向须与变送器所标箭头方向一致。

6. 湿式流量计

湿式流量计属于容积式流量计。它主要由圆鼓形壳体、转鼓及传动记数机构组成,如图 1-4-14 所示。转鼓由圆筒及四个弯曲形状的叶片构成,四个叶片构成四个体积相等的小室,鼓的下半部浸没在水中,充水量由水位器指示,气体从背部中间的进气管处依次进入各室,并相继由顶部排出,迫使转鼓转动。转动的次数通过齿轮机构由指针或机械计数器计数,也可以将转鼓的转动次数转换为电信号作远传显示。

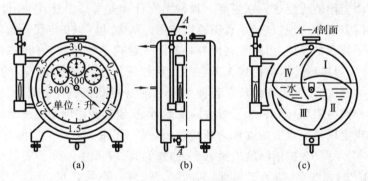

图 1-4-14　湿式流量计

湿式流量计在测量气体体积总量时,其准确度较高,特别是小流量时,它的测量误差比较小,可直接用于测量气体流量,也可用来作标准仪器检定其他流量计。它是实验室常用的仪表之一。湿式气体流量计每个气室的有效体积是由预先注入流量计的水面控制的,所以在使用时必须检查水面是否达到预定的位置,安装时,仪表必须保持水平。

4.3　温度的测量

温度测量仪表是测量物体冷热程度的工业自动化仪表。最早的温度测量仪表是意大利人伽利略于 1592 年发明的,它是一个带细长颈的大玻璃泡,倒置在一个盛有葡萄酒的容器中,从其中抽出一部分空气,酒面就上升到细颈内。当外界温度改变时,细颈内的酒面因玻璃泡内的空气热胀冷缩而随之升降,因而酒面的高低就可以表示温度的高低,实际上这是一个没有刻度的指示器。1709 年,德国的华伦海特于荷兰首次创立温标,随后他又经过多年的深入研究,于 1714 年制成了以水的冰点为 32 度,沸点为 212 度,中间分为 180 度的水银温度计,即至今仍沿用的华氏温度计。1742 年,瑞典的摄尔西乌斯制成了另一种水银温度计,它以水的冰点为 100 度,沸点作为 0 度。到 1745 年,瑞典的林奈将这两个固定点颠倒过来,这种温度计就是至今仍沿用的摄氏温度计。早在 1735 年,就有人尝试利用金属棒受热膨胀的原理制造温度计,到 18 世纪末,出现了双金属温度计。1802 年,查理斯定律确立之后,气体温度计也随之得到改进和发展,其精确度和测温范围都超过了水银温度计。1821 年,德国的塞贝克发现热电效应,同年,英国的戴维发现金属电阻随温度变化的规律,此后就出现了热电偶温度计和热电阻温度计。1876 年,德国的西门子制造出第一支铂电阻温度计。很早以前,人们在烧窑和冶锻时,通常是凭借火焰和被加热物体的颜色来判断温度的高低。据记载,1780 年韦奇伍德根据瓷珠在高温下颜色的变化来识别烧制陶瓷的温度,后来又有人根据陶土制的熔锥在高温下弯曲变形的程度来识别温度。辐射温度计和光学高温计在 20 世纪初维思定律和普朗克定律出现以后,才真正得以使用。从 20 世纪 60 年代开始,由于红外技术和电子技术的发展,出现了利用各种新型光敏或热敏检测元件的辐射温度计(包括红外辐射温度计),从而扩大了它的应用领域。各种温度计产生的同时就规定了各自的分度方法,也就出现了各种温标,如原始的摄氏温标、华氏温标、气体温度计温标和铂电阻温标等。为了统一温度的量值,以达到国际通用的目的,国际计量局最早规定以玻璃水银温度计为基准仪表,统一用摄氏温标。国际现代通用的温标是 1967 年第 13 次国际度量衡大会通过的,即 1968 年国际实用温标,它是以13 个纯物质的相变点,如氢三相点(氢的固、液、气三态共存点,$-259.34\ ℃$)、水三相点($0.01\ ℃$)和金凝固点($1\ 064.43\ ℃$)等,作为定义固定点来复现热力学温度的。中间插值在 $-259.34\sim+630.74\ ℃$ 时,用基准铂电阻;在 $630.74\sim1\ 064.43$ ℃时,用基准铂铑-铂热电偶;在 $1\ 064.43\ ℃$ 以上时用普朗克公式复现。

一般的温度测量仪表都有检测和显示两个部分。在简单的温度测量仪表中,这两部分是连成一体的,如水银温度计。在较复杂的仪表中则分成两个独立的部分,中间用导线联结,如热电偶或热电阻是检测部分,而与之相配的指示和记录仪表是显示部分。

　　按测量方式不同,温度测量仪表可分为接触式和非接触式两大类。测量时,其检测部分直接与被测介质相接触的为接触式温度测量仪表;非接触式温度测量仪表在测量时,温度测量仪表的检测部分不必与被测介质直接接触,因此可测运动物体的温度。例如常用的光学高温计、辐射温度计和比色温度计,都是利用物体发射的热辐射能随温度变化的原理制成的辐射式温度计。

　　由于电子器件的发展,便携式数字温度计已逐渐得到应用。它配有各种样式的热电偶和热电阻探头,使用比较方便灵活。便携式红外辐射温度计的发展也很迅速,装有微处理器的便携式红外辐射温度计具有存储计算功能,能显示一个被测表面的多处温度,或一个点温度的多次测量的平均温度、最高温度和最低温度等。此外,还研制出多种其他类型的温度测量仪表,如用晶体管测温元件和光导纤维测温元件构成的仪表;采用热像扫描方式的热像仪,可直接显示和拍摄被测物体温度场的热像图,可用于检查大型炉体、发动机等的表面温度分布,对于节能非常有益;还有利用激光测量物体温度分布的温度测量仪器等。

　　按测温原理的不同,温度测量大致有以下几种方式:

　　(1)利用固体的热膨胀、液体的热膨胀、气体的热膨胀来测量温度;

　　(2)利用电阻变化的导体或半导体受热后电阻发生变化来测量温度;

　　(3)利用热电效应(不同材质导线连接的闭合回路中,两接点的温度如果不同,回路内就产生热电势)来测量温度。

　　表 1-4-3 列出了常用的各种温度计的优缺点。

表 1-4-3　各种温度计的比较

形式	工作原理	种类	使用温度范围/℃	优　点	缺　点
接触式	热膨胀	玻璃管温度计	−80~+500	结构简单,使用方便,测量准确,价格低廉	测量上限和精度受玻璃质量限制,易碎,不能记录和远传
		双金属温度计	−80~+500	结构简单,机械强度大,价格低廉	精度低;量程和使用范围易受限制
		压力式温度计	−100~+500	结构简单,不怕震动,具有防爆性,价格低廉	精度低;测温距离较远时,仪表的滞后现象较严重
	热电阻	铂、铜电阻温度计	−200~+600	测温精度高,便于远距离测量和自动控制	不能测量高温;由于体积大,测量点温度较困难
		半导体温度计	−50~+300		

续表

形式	工作原理	种　类	使用温度范围/℃	优　点	缺　点
接触式	热电偶	铜-康铜温度计	−100～+300	测温范围广,精度高,便于远距离、集中测量和自动控制	需要进行冷端补偿,在低温段测量时精度低
		铂-铂铑温度计	200～1 800		
非接触式	辐射	辐射式高温计	100～2 000	感温元件不破坏被测物体的温度场,测温范围广	只能测高温,低温段测量不准;环境条件会影响测量准确度

1. 玻璃管温度计

1) 玻璃管温度计的特点和常用种类

玻璃管温度计结构简单、价格便宜、读数方便,而且有较高的精度。

实验室用得最多的是水银温度计和有机液体温度计。水银温度计测量范围广、刻度均匀、读数准确,但玻璃管破损后会造成水银污染。有机液体(如乙醇、苯等)温度计着色后读数明显,但由于膨胀系数随温度而变化,故刻度不均匀,读数误差较大。

2) 玻璃管温度计的安装和使用

玻璃管温度计在安装和使用过程中应注意以下几点:

(1) 玻璃管温度计应安装在没有大的振动,不易受碰撞的设备上。特别是有机液体玻璃温度计,如果振动很大,容易使液柱折断。

(2) 玻璃管温度计的感温泡中心应处于温度变化最敏感处。

(3) 玻璃管温度计要安装在便于读数的场所。不能倒装,也尽量不要倾斜安装。

(4) 为了减小读数误差,应在玻璃管温度计保护管中加入甘油、变压器油等,以排除空气等不良导体。

(5) 水银温度计读数时按凸面最高点读数,有机液体玻璃温度计则按凹面最低点读数。

(6) 为了准确地测定温度,用玻璃管温度计测定物体温度时,如果指示液柱不是全部插入欲测的物体中,会使测定值不准确,必要时需进行校正。

3) 玻璃管温度计的校正

玻璃管温度计的校正方法有以下两种。

(1) 与标准温度计在同一状况下比较:实验室内将被校验的玻璃管温度计与标准温度计插入恒温槽中,待恒温槽的温度稳定后,比较被校验温度计与标准温度计的示值。示值误差的校验应采用升温校验,因为有机液体与毛细管壁有附着力,在降温液面下降时,会有部分液体停留在毛细管壁上,影响准确读数。水银玻璃管温度计在降温时也会因摩擦发生滞后现象。

(2) 利用纯质相变点进行校正:①用水和冰的混合液校正 0 ℃;②用水和蒸汽校正 100 ℃。

2. 热电偶温度计

1) 热电偶温度计测温原理

热电偶是根据热电效应制成的一种测温元件。它结构简单,坚固耐用,使用方便,精度高,测量范围宽,便于远距离、多点、集中测量和自动控制,是应用很广泛的一种温度计。如果取两根不同材料的金属导线 A 和 B,将其两端焊在一起,这样就组成了一个闭合回路,如图 1-4-15 所示。因为两种不同金属的自由电子密度不同,当两种金属接触时,在两种金属的交界处就会因电子密度不同而产生电子扩散,结果在两金属接触面两侧形成静电场,即接触电势差。这种接触电势差仅与两金属的材料和接触点的温度有关,温度越高,金属中自由电子就越活跃,致使接触处所产生的电场强度增加,接触面电动势也相应增高。由此可制成热电偶测温计。

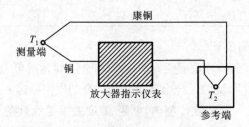

图 1-4-15 热电偶温度计测温电路示意图

2) 常用热电偶的特性

几种常用的热电偶的特性数据见表 1-4-4。使用者可以根据表中列出的数据,选择合适的二次仪表,确定热电偶温度计的使用温度范围。

表 1-4-4 常用热电偶特性表

热电偶名称	型号	分度号	100 ℃的热电势/mV	最高使用温度/℃	
				长期	短期
铂铑 10*-铂	WRLB	LB-3	0.643	1 300	1 600
镍铬-考铜	WREA	EA-2	6.95	600	800
镍铬-镍硅	WRN	EU-2	4.095	900	1 200
铜-康铜	WRCK	CK	4.29	200	300

注:10* 指含量为 10%。

3) 热电偶温度计的校验

热电偶温度计的校验需注意以下两个方面：

（1）对新焊好的热电偶需校对电势-温度是否符合标准,检查有无复制性,或进行单个标定;

（2）对所用热电偶温度计定期进行校验,测出校正曲线,以便对高温氧化产生的误差进行校正。

3. 热电阻温度计

热电阻温度计是一种用途极广的测温仪器。它具有测量精度高,性能稳定,灵敏度高,信号可以远距离传送和记录等特点。热电阻温度计包括金属丝电阻温度计和热敏电阻温度计两种。热电阻温度计的性质如表 1-4-5 所示。

表 1-4-5　热电阻温度计的使用温度

种　　类	使用温度范围/℃	温度系数/℃$^{-1}$
铂电阻温度计	−260～+630	+0.003 9
镍电阻温度计	150 以下	+0.006 2
铜电阻温度计	150 以下	+0.004 3
热敏电阻温度计	350 以下	−0.03～+0.06

1) 金属丝电阻温度计

（1）工作原理。金属丝电阻温度计是利用金属导体的电阻值随温度变化而改变的特性来进行温度测量的。纯金属及多数合金的电阻率随温度升高而增加,即具有正的温度系数。在一定温度范围内,电阻-温度关系是线性的。温度的变化,可导致金属导体电阻的变化。这样,只要测出电阻值的变化,就可达到测量温度的目的。

图 1-4-16 为金属丝电阻温度计的工作原理。感温元件是将直径为 0.03～0.07 mm 的纯铂丝绕有锯齿的云母骨架上,再用两根直径为 0.5～1.4 mm 的银导线作为引出线引出,与显示仪表连接的。当感温元件上铂丝的温度变化时,感温

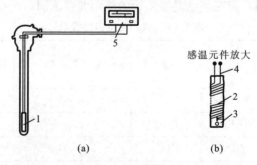

图 1-4-16　金属丝电阻温度计的工作原理

1—感温元件;2—铂丝;3—骨架;4—引出线;5—显示仪表

元件的电阻值随温度而变化,并呈一定的函数关系。使用将变化的电阻值作为信号输入的具有平衡或不平衡电桥回路的显示仪表以及调节器和其他仪表等,即能测量或调节被测量介质的温度。

由于感温元件占有一定的空间,所以不能像热电偶温度计那样,用它来测量"点"的温度,但当要求测量任何空间内或表面部分的平均温度时,金属丝电阻温度计用起来非常方便。金属丝电阻温度计的缺点是不能测定高温,因电流过大时,会发生自热现象而影响准确度。

(2)金属丝电阻温度计基本参数。金属丝电阻温度计的基本参数如表 1-4-6 所示。

表 1-4-6　金属丝电阻温度计的基本参数

名　　称	代　号	分度号	温度测量范围/℃	0 ℃时的电阻值 R_0 及其允差/Ω	电阻比 $W_{100}=\dfrac{R_{100}}{R_0}$ 及其允差
铂热电阻温度计	WZB	$\dfrac{\text{Pt 46}}{\text{Pt 100}}$	$-200\sim+650$	$\dfrac{46\pm0.046}{100\pm0.1}$	$1.391\,0\pm0.001\,0$
铜热电阻温度计	WZG	$\dfrac{\text{Cu 50}}{\text{Cu 100}}$	$-50\sim+150$	$\dfrac{50\pm0.05}{100\pm0.1}$	1.428 ± 0.002
镍热电阻温度计	WZN	$\dfrac{\text{Ni 50}}{\text{Ni 100}}$	$-60\sim+180$	$\dfrac{50\pm0.05}{100\pm0.1}$	1.617 ± 0.007

2)热敏电阻温度计

热敏电阻体是在锰、镍、钴、铁、锌、钛、镁等金属的氧化物中分别加入其他化合物制成的。热敏电阻和金属导体的热电阻不同,它属于半导体,具有负电阻温度系数,其电阻值随温度的升高而减小,随温度的降低而增大。虽然温度升高时粒子的无规则运动加剧,引起自由电子迁移率略为下降,然而自由电子的数目随温度的升高而增加得更快,所以温度升高其电阻值下降。

4.4　成　分　分　析

成分分析仪表是对物料的组成和性质进行分析、测量,并能直接指示物料的成分及含量的仪表,分为实验室用仪表和工业用自动分析仪表。前者用于实验室,分析结果较准确,通常由人工现场取样,然后人工进样分析。后者用于连续生产过程中,周期性自动采样,连续自动进样分析,随时指示、记录、打印分析结果,所以工业分析仪表又称为在线分析仪表或过程分析仪表。

从教学和科研需要出发,实验室使用的分析仪器主要侧重于结果的准确性。下面就实验室常用的分析方法及其仪器作简单介绍。

1. 色谱法

色谱法是一种重要的近代分析手段,具有取样量少、效能高、分析速度快、定量结果准确等优点。色谱仪是一种高性能的实验室分析仪器,仪器在工作时需通载气(或载液)作为流动相,以色谱分离柱中填充物或表面涂覆的高分子有机化合物为固定相。被分析的混合物中各组分就是在两相之间反复多次地进行分配或根据填充吸附剂对每个组分的吸附能力的差别来达到分离的目的。经分离后的单一组分逐一进入检测器并转化为相应的电信号,在记录仪上显示结果,从而达到定性、定量分析的目的。

色谱法一般分为两大类:气相色谱法和液相色谱法。又可根据流动相和固定相的不同,进行更细的划分,见表1-4-7。

表 1-4-7 色谱法的分类

	固体固定相	液体固定相
气体流动相	GSC	GLC
液体流动相	LSC	LLC

注:G—气体,L—液体,S—固体,C—色谱法。

1) 气相色谱法

(1) 气相色谱的组成。气相色谱一般由载气系统Ⅰ(包括气源、气体净化、气体流速控制和测量等)、进样系统Ⅱ(包括进样器、汽化室)、色谱柱Ⅲ(包括温度控制装置)、检测系统Ⅳ和记录与处理系统Ⅴ五大部分组成,如图1-4-17所示。

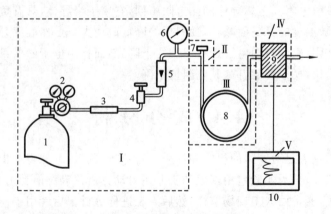

图 1-4-17 气相色谱流程图

1—高压钢瓶;2—减压阀;3—载气净化干燥器;4—稳压阀;5—稳流阀;6—压力计;
7—进样汽化室;8—色谱柱;9—检测器;10—记录与处理系统

钢瓶将氦气或氮气等载气连续地供给色谱柱。为使流量不受柱温变化的影响而保持恒定,仪器采用稳流调节器精密地调节流量。载气经进样系统流向色谱柱及检测系统。进样系统、色谱柱和检测系统分别用独立的温度调节器控制温度。进样系统和检测系统在分析过程中一直保持恒温,色谱柱室则按一定的程序升温,以缩短沸程宽的混合物的分析时间,这种升温法是气相色谱中的一种重要方法。用微量注射器直接将 $1\sim4~\mu\mathrm{L}$ 液体样品或溶于低沸点溶剂的固体样品注入已加热的进样系统(气体系用气密注射器或气体进样阀注入 $1\sim5~\mathrm{mL}$),样品将在瞬间汽化,并被载气输送到色谱柱。色谱柱为不锈钢管或玻璃管,内部均匀填充用 $1\%\sim30\%$ 高沸点固定液(硅油或聚乙烯醇等)浸渍的硅藻土,或者填充氧化硅、分子筛、活性炭和氧化铝等吸附剂。在前一种色谱柱中以分配力,在后一种色谱柱中以吸附力保留样品组分。因为保留能力不同,各组分在色谱柱内移动的速度有大有小而互相分离。将分离后的组分用检测器转换成与它们在载气中的浓度相对应的输出信号,用记录仪记录。测量从注入样品到流出组分的时间作定性分析,测量相应的峰面积作定量分析。

检测过程中有多种检测器可供选用:①热导池检测器(TCD),不论有机物或无机物,对所有物质都有响应;②氢火焰离子化检测器(FID),对无机气体无响应,对含碳有机化合物有很高的灵敏度,适宜于痕量有机物的分析;③电子俘获检测器(ECD),它只对具有电负性的物质(如含有卤素、硫、磷、氮、氧的物质)有响应,电负性越大,灵敏度越高,因而被用于多氯联苯及卤代烷基汞的微量分析;④碱金属盐热离子化检测器(TID),它是对含有氮或磷的物质具有高灵敏度的选择性检测器;⑤火焰光度检测器(FPD),在还原性氢焰中,可以高灵敏度、高选择性地检测含硫化合物(394 nm)或含磷化合物(526 nm)发出的光。

(2)气相色谱法的特点。由于流动相为气体,故气相色谱法具有很多优势:①气体黏度小,增加色谱柱长度可改善分离能力;②比较容易地制备具有高分离能力的色谱柱,且使用寿命长;③如果用非极性柱,组分可按沸点顺序流出,因此,在分配气相色谱法中,若已知化合物,则可预测组分流出顺序;④样品组分在固定相和移动相中易于扩散,能迅速达到分配平衡,故可提高流动相的流速以缩短分析时间;⑤检测惰性气体中的样品组分时,可以使用各种高灵敏度检测器,所以能作极微量分析和特定组分的高灵敏度的选择性检测;⑥容易与质谱仪或傅里叶变换红外分光光度计联用,便于多组分混合物的分离和鉴定;⑦使用通用型检测器时,可以预测注入样品在多大程度上能作为色谱峰流出并被检测,所以分析的可信度高,在不要求精度时,也可以把峰面积百分数近似为组成百分数,进行快速定量分析。

但也因为流动相为气相,故气相色谱法适用范围窄,如对于难挥发和热不稳定的物质该法就不再适用,而且用选择性检测器进行微量分析时样品必须经前处理

(采用液相色谱法或薄层色谱法)以除去干扰组分。但近几年来裂解气相色谱法(将相对分子质量较大的物质在高温下裂解后进行分离鉴定,已用于聚合物的分析)、反应气相色谱法(利用适当的化学反应将难挥发试样转化为易挥发的物质,然后以气相色谱法分析)等的应用,大大扩展了气相色谱法的适用范围。

2) 液相色谱法

高效液相色谱法是在 20 世纪 70 年代后半期快速发展起来的一项高效、快速的分离分析技术,如图 1-4-18 所示,其仪器一般由溶剂罐、高压输液泵、样品注入器、色谱柱、检测器和温度控制装置等构成。色谱柱为不锈钢管,在高压下用匀浆法填充粒度分布窄的、平均粒径为 $5\sim10~\mu m$ 的全多孔硅胶或化学键合型硅胶。

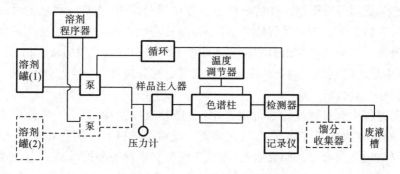

图 1-4-18　　液相色谱流程简图

根据样品的性质决定分离方式,并选择相应的色谱柱填料和流动相。在吸附液相色谱法和梯度洗脱法中,流动相的纯度是很重要的问题。

检测器包括灵敏度较低的通用型示差折光仪,具有高灵敏度和选择性的紫外检测器和荧光检测器,针对离子型物质的电导检测器。它们均具有不破坏检测组分的特点。此外,还有把适当的反应试剂连续地与色谱柱洗脱液混合,使特定组分显色或转换成荧光物质,再用光学法检测的化学反应检测器。

虽然高性能液相色谱法的原理和气相色谱法相同,但是它能使传质最佳化,分离速度提高 $100\sim1\,000$ 倍。其主要优点有:①适用样品范围广,不受样品挥发度和热稳定性的限制;②可以使用高效的分离柱,易于分离复杂的多组分混合物;③被分离的组分溶解在洗脱液中,易于回收;④可以使用多种非破坏性、高灵敏度和选择性的检测器,将几种检测器串联起来,根据其对应特性,获取与定性有关的重要信息。

2. 质谱法

质谱法是将物质离子化,使离子按照质荷比进行分离,从而测定物质质量和含量的一种分析方法。它提供了有机化合物直观的特征信息,即相对分子质量及官能团碎片结构信息,与核磁共振波谱、红外吸收光谱、紫外吸收光谱一起被称为有机结构分析的"四大谱"。

质谱法按研究对象的不同,可分为同位素质谱分析(测定同位素丰度)、无机质谱分析(测定无机化合物)、有机质谱分析(测定有机化合物)等。

用于质谱分析的仪器称为质谱仪,它一般由分析系统、电学系统、真空系统和计算机数据处理系统组成。分析系统由进样系统、离子源、质量分析器和离子检测器四部分组成。

质量分析器是利用电磁场的作用将离子束中不同质荷比的离子按空间先后或运动轨道稳定与否等形式分离的装置,离子检测器用来接收、检测和记录离子强度而得出质谱图。电学系统为质谱仪提供电源和控制电路。真空系统提供和维持质谱仪正常工作所需的高真空度,通常在 $10^{-9} \sim 10^{-3}$ Pa。从质谱仪获得的大量数据由计算机处理。

质谱仪有三个重要的指标:质量测定范围、分辨率和灵敏度。质量测定范围是一台质谱仪能够分析样品的相对原子质量(或相对分子质量)范围,大部分质谱仪的质量上限为 4 000 u(原子质量单位);分辨率是仪器对不同质量离子分离和对相同质量离子聚焦两种能力的综合表征,高的分辨率不仅可以保证高质量数离子以整数质量分开,而且当测量离子精度足够高时(如达到 10^{-27} u),可以借助计算机进行精密质量计算,得到离子的元素组成,为解析质谱数据提供极为有用的信息;灵敏度则标志着仪器对样品在量的方面的检测能力,它是一台仪器的电离效率、离子传输率及检测器效率的综合反映,灵敏度的高低与离子化手段、检测器类型等有关,且不同的样品有不同的灵敏度。

3. 光谱法

光是一种电磁波,按照电磁波的波长或频率有序排列的光带,称为光谱。物质的结构不同,其对应的光谱也不相同,通过测量物质的光谱而建立的分析方法称为光谱法。

1) 光谱法的分类

根据物质与电磁波相互作用的结果,可以分为发射、吸收和联合散射三种类型的光谱。发射光谱法根据波长和激发方式的不同,又可分为射线光谱法、X 射线荧光光谱法、原子发射光谱法、原子荧光分析法和分子荧光法等。吸收光谱有紫外光谱、红外光谱、微波谱、核磁共振光谱等。联合散射光谱则是根据光的散射建立起来的方法。

2) 光谱法的特点

分析科学在许多研究领域发挥着越来越重要的作用,分析样品的复杂多样化,极大促进了光谱分析的快速发展。光谱法具有灵敏度高,分析速度快,适于微量和超微量分析,可同时对多元素进行测定,适合于远距离遥控分析等特点,与其他的成分分析法一样,应用极其广泛。

3) 光谱仪的应用

红外技术是近代迅速发展的新技术之一,因其灵敏度高、选择性好、滞后小而广泛应用于气体成分的分析。下面以实验室常用的红外线气体分析仪为例,简介光谱仪在成分分析中的应用。

红外线是波长在 $0.76\sim420\ \mu m$ 的电磁波。任何物质,只要其绝对温度不为零,都在不断地向外辐射红外线。各种物质在不同状态下所辐射出的红外线的强弱与波长是不同的。

各种多原子气体(CO_2、CH_4 等)对红外线都有一定的吸收能力,但不是在红外波段的整个频率范围内都吸收,而是只吸收某些波段的红外线。这些波段,称为特征吸收波段。不同的气体具有不同的特征吸收波段。例如,CO_2 有两个特征吸收波段,即 $2.6\sim2.9\ \mu m$ 及 $4.1\sim4.5\ \mu m$,这就是说,当波长为 $2\sim7\ \mu m$ 的红外线射入含有 CO_2 的气体中后,这样的两个特征波段的红外线将被吸收,透过的射线中将少含或不含这两个波段的红外线。双原子组成的气体(N_2、O_2、H_2、Cl_2)以及惰性气体(He、Ne 等)对 $1\sim25\ \mu m$ 波长的红外线均不吸收。选择性吸收是制造红外线气体分析仪的依据,分析仪只能分析那些具有特征吸收波段的气体。当气体分子吸收了红外线的辐射能后,辐射能会转化为热能,使气体分子的温度升高,这种温度的变化,可以直接或间接地检测出来。由于热辐射绝大部分集中在红外区域,故红外线的热辐射特性特别显著。

红外线被吸收的数量与吸收介质的浓度有关,当射线进入介质被吸收后,透过的射线强度减弱,它们之间的关系符合朗伯-比尔定律。红外线通过待测介质后,其强度按指数规律变化。当厚度、吸收系数、入射光强度一定时,可通过测量透过光的强度来测定吸收组分的浓度。

第二部分 化工基础实验

实验一 流体流动阻力实验

本实验为流体流动综合性实验,包括光滑管和粗糙管的直管摩擦阻力测定,局部阻力系数测定,层流、湍流状态下 $\lambda\text{-}Re$ 关系测定,以及计算机数据在线采集及自动控制功能。根据实际教学需要,可选择部分或全部实验内容进行综合性和设计性实验。

一、实验目的

（1）掌握直管摩擦阻力的测定方法。

（2）掌握局部（突然扩大、突然缩小及阀门）阻力系数的测定方法。

（3）掌握直管摩擦因数 λ 与雷诺数 Re 和相对粗糙度之间的关系及其变化规律。

（4）熟悉层流管及光滑管的 $\lambda\text{-}Re$ 曲线,并与相应的经验公式进行比较。

（5）熟悉压差的几种测量方法及压差计和流量计的使用方法。

（6）熟悉计算机数据在线采集及自动控制功能。

二、基本原理

流体在管路中流动时,由于流体的黏性和涡流作用产生摩擦阻力,不可避免地引起流体压力的损失。流体在流动时所产生的阻力有直管摩擦阻力（又称沿程阻力）和管件的局部阻力。

1. 直管摩擦阻力

影响流体阻力的因素较多,层流时阻力的计算式是根据理论推导所得,湍流时由于情况要复杂得多,目前尚不能得到理论计算式,但通过实验研究,可获得经验关系式,这种实验研究方法是化工中常用的方法。在工程上通常采用因次分析法简化实验,得到在一定条件下具有普遍意义的结果。根据对摩擦阻力性质的理解和实验研究的综合分析,认为流体在湍流流动时,由内摩擦力产生的压力损失 Δp_{f} 与流体的性质（密度 ρ、黏度 μ）、流体流经处管路的几何尺寸（管径 d,管长 l 及管壁

的粗糙度 ε)及流体流动状态(平均速度 u)有关,即

$$\Delta p_{\mathrm{f}} = f(\rho,\mu,u,d,l,\varepsilon) \tag{2-1-1}$$

根据因次分析法组合成如下的无因次式:

$$\frac{\Delta p_{\mathrm{f}}}{\rho u^2} = \psi\left(\frac{d\rho u}{\mu}, \frac{l}{d}, \frac{\varepsilon}{d}\right) \tag{2-1-2}$$

式中:$\dfrac{d\rho u}{\mu}$——雷诺数 Re;$\dfrac{\Delta p_{\mathrm{f}}}{\rho u^2}$——欧拉(Euler)数;$\dfrac{l}{d}$、$\dfrac{\varepsilon}{d}$——简单的无因次比,前者反映了管子的几何尺寸对流动阻力的影响,后者称为相对粗糙度,反映了管壁粗糙度对流动阻力的影响。

式(2-1-2)具体的函数关系通常由实验确定。根据实验可知,流体流动阻力与管长 l 成正比,该式可改写为

$$\frac{\Delta p_{\mathrm{f}}}{\rho u^2} = \frac{l}{d}\psi\left(Re, \frac{\varepsilon}{d}\right) \tag{2-1-3}$$

或

$$h_{\mathrm{f}} = \frac{\Delta p_{\mathrm{f}}}{\rho} = \frac{l}{d}\psi\left(Re, \frac{\varepsilon}{d}\right)u^2 \tag{2-1-3a}$$

与流体在直管内流动阻力的通式,即范宁(Fanning)公式 $h_{\mathrm{f}}=\lambda \cdot \dfrac{l}{d} \cdot \dfrac{u^2}{2}$ 相比较,可得

$$\lambda = 2\psi\left(Re, \frac{\varepsilon}{d}\right) \tag{2-1-4}$$

即湍流时摩擦因数 λ 是雷诺数 Re 和相对粗糙度 $\dfrac{\varepsilon}{d}$ 的函数,需由实验确定。由此可得摩擦阻力系数与压差之间的关系,这种关系可用实验方法直接测定。

$$h_{\mathrm{f}} = \frac{\Delta p_{\mathrm{f}}}{\rho} = \lambda \cdot \frac{l}{d} \cdot \frac{u^2}{2} \tag{2-1-5}$$

其中压差 Δp_{f} 的大小采用 U 形管压差计来测量,即在实验设备上于待测直管的两端或管件两侧各设置一个测压孔,并使之与压差计相连,便可测出相应压差 Δp_{f} 的大小。本实验的工作介质为水,在实验装置中,管长 l 与管内径 d 已固定,若水温不变,则 ρ 与 μ 也是定值。所以该实验即为测定直管段的流动阻力引起压差 Δp_{f} 与流速 u 的关系。改变流速就可测出某一相对粗糙度下管子的 λ-Re 关系。

(1)湍流区的摩擦阻力系数　在湍流区内,$\lambda = f\left(Re, \dfrac{\varepsilon}{d}\right)$,对于光滑管,大量实验证明,当 Re 在 $3\times10^3 \sim 1\times10^5$ 的范围内,λ 与 Re 的关系遵循 Blasius 关系式,即

$$\lambda = 0.361\,3/Re^{0.25} \tag{2-1-6}$$

(2)层流的摩擦阻力系数　对于层流时的摩擦阻力系数,由哈根-泊谡叶公式和范宁公式,对比可得

$$\lambda = 64/Re \tag{2-1-7}$$

2. 局部阻力

局部阻力是由于流体流经管件、阀门时,因流速的大小和方向都发生了变化,流体受到干扰和冲击,涡流现象加剧而造成的。局部阻力通常有两种表示方法,即当量长度法和阻力系数法。

(1) 当量长度法。当量长度法是将流体流过管件或阀门而产生的局部阻力,用相当于流体流过与其具有相同管径的若干米长的直管阻力损失来表示,这个直管长度称为当量长度,用 l_e 表示,其特点是便于管路总阻力的计算。如管路中直管长度为 l,各种局部阻力的当量长度之和为 $\sum l_e$,则流体在管路中流动时的总阻力损失为

$$\sum h_f = \lambda \cdot \frac{l + \sum l_e}{d} \cdot \frac{u^2}{2} \tag{2-1-8}$$

(2) 阻力系数法。流体流过管件或阀门而产生的局部阻力可以用克服局部阻力所消耗的机械能表示,即可以表示为动能的某一倍数,这种计算局部阻力的方法,称为阻力系数法。即

$$h_f = \xi \cdot \frac{u^2}{2} \tag{2-1-9}$$

式中:ξ——局部阻力系数,无因次,其与流体流过的管件的几何形状及流体的 Re 有关,一般由实验测定。

三、实验装置和流程

本实验装置如图 2-1-1 所示,管道水平安装,实验用水循环使用。其中 No.1 管为层流管;No.2 管安装有球阀和截止阀两种管件;No.3 管为光滑管(不锈钢管);No.4 管为粗糙管(镀锌钢管),直管阻力的两测压口间的距离为 1.5 m;No.5 管为突然扩大管,管子由 $\phi22$ mm×3 mm 扩大到 $\phi48$ mm×3 mm。a_1、a_2 表示层流管两端的两测压口,b_1、b_2 表示球阀的两测压口,c_1、c_2 表示截止阀的两测压口,d_1、d_2 表示光滑管的两测压口,e_1、e_2 表示粗糙管的两测压口,f_1、f_2 表示突然扩大管的两测压口。系统装有孔板流量计以测量流量。

实验的测量系统如图 2-1-1 的左侧所示,共有两套倒 U 形管压差计、一套正 U 形管压差计(正 U 形管压差计中指示液为 CCl₄,其密度为 1 595 kg/m³)和一组切换阀。正 U 形管压差计用来测量层流管阻力,层流管阻力也可用倒 U 形管压差计测量;倒 U 形管压差计用来测量孔板压差、直管阻力和局部阻力。各测压点均与面板后两个汇集管相连,通过面板上切换阀与倒 U 形管压差计相连。正 U 形管压差计用来测量直管阻力和局部阻力,倒 U 形管压差计用于测量孔板压差,其测压口与装置上相同编号的测压口相连。

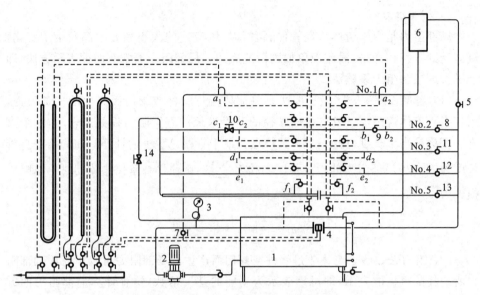

图 2-1-1　流体阻力实验装置和流程图

1—水箱；2—离心泵；3—压力计；4—孔板流量计；5—上水阀；6—高位水槽；

7—层流管流量调节阀；8—阀门管线开关阀；9—球阀；10—截止阀；11—光滑管开关阀；

12—粗糙管开关阀；13—突然扩大管开关阀；14—流量调节阀

四、实验操作要点

（1）熟悉实验装置，了解设备、阀门、旋塞及与其配套的电器开关的作用，并检查水箱内的水位，然后关闭出口阀门，启动离心泵。

（2）在实验开始前，系统(设备和测压管线)要先排净气体，使液体连续流动。检验气体是否排净的方法如下：当流量为零时，观察 U 形管压差计中两液面是否水平。若 U 形管内两液柱的高度差不为 0，则说明系统内有气泡存在，需赶净气泡方可测取数据、考虑测量范围和进行实验布点(前密后疏)。

（3）读取数据时，应注意稳定后再读数，测取数据可以从大流量至小流量，反之也可。一般测 10～15 组数据，实验数据记录在原始数据表中。层流管的流量用量筒及秒表测取。

（4）测完一套管路的数据后，关闭流量调节阀，再次检查 U 形管压差计的液面是否水平，然后重复以上步骤，测取其他管路的数据。

（5）待数据测量完毕，关闭流量调节阀，切断电源。

五、实验注意事项

（1）启动离心泵前应关闭泵的出口阀门、压力计和真空表的开关，以免损坏压力表。

（2）在实验过程中每调节一次流量之后，应待流量和直管压降的数据稳定以后方可记录数据。

（3）若较长时间内不做实验，需放掉系统内及储水槽内的水。

六、实验报告

（1）将实验数据和计算结果列在数据表格中，并以其中一组数据计算举例，写出典型数据的计算过程。

（2）在双对数坐标系上绘制各管路湍流时不同 Re 条件下的 λ-$\dfrac{\varepsilon}{d}$ 关系曲线。

（3）在双对数坐标系上绘制层流时 λ-Re 关系曲线。

（4）计算局部阻力系数 ξ。

（5）在合适的坐标系上，标绘节流式流量计的流量 Q_s 与压差 Δp 的关系曲线（即流量标定曲线）、流量系数 C 与雷诺数 Re 的关系曲线。

七、思考题

（1）实验前，为什么测试系统要排气？如何正确排气？如何检验测试系统内的空气已经排除干净？

（2）U 形管压差计的零点应如何校正？

（3）以水为工作流体所测得的关系能否适用于其他种类的牛顿型流体？为什么？

（4）在一定 ε/d 下，λ-Re 的关系曲线是怎样的？当 Re 足够大时，曲线情况又如何？由此可得出何种结论？

（5）为什么安装速度式流量计时，要求其前后有一定长度的直管稳定段？

（6）在不同设备（相对粗糙度相同而管径不同）、不同温度下测定的 λ-Re 数据能否关联在一条曲线上？

实验二　流量计性能测定实验

一、实验目的

（1）了解几种常用流量计的构造、工作原理和主要特点。

（2）掌握流量计的标定方法。

（3）了解节流式流量计流量系数 α_0 随雷诺数 Re 的变化规律，以及流量系数 α_0 的确定方法。

（4）学习合理选择坐标系的方法。

二、基本原理

对非标准化的各种流量仪表在出厂前都必须进行流量标定，建立流量刻度标尺（如转子流量计），给出孔流系数（如涡轮流量计）或校正曲线（如孔板流量计）。在使用时，如工作介质、温度、压力等操作条件与原来标定时的条件不同，使用者就需要根据现场情况，对流量计进行标定。

孔板流量计、文丘里流量计的收缩口面积都是固定的，而流体通过收缩口的压降则随流量大小而变，据此来测量流量，因此称其为变压头流量计。而另一类流量计中，当流体通过时，压降不变，但收缩口面积随流量而改变，故称这类流量计为变截面流量计，其典型代表是转子流量计。

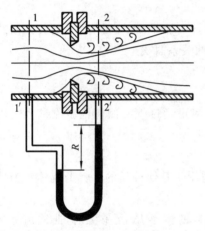

孔板流量计是应用最广泛的节流式流量计之一，本实验采用自制的孔板流量计测定液体流量，用容量法（滴定法）进行标定，同时测定孔流系数与雷诺数的关系。

孔板流量计是根据流体的动能和势能相互转化原理而设计的，流体通过锐孔时流速增加，孔板前后产生压差，可以通过引压管在压差计显示。其工作原理如图 2-2-1 所示。

若管路直径为 d_1，孔板锐孔直径为 d_0，流体流经图 2-2-1 孔板流量计孔板前后所形成的缩脉直径为 d_2，流体的密度为 ρ，则根据伯

图 2-2-1　孔板流量计工作原理

努利方程，在 1—1′ 截面和 2—2′ 截面处有

$$\frac{u_2^2 - u_1^2}{2} = \frac{p_1 - p_2}{\rho} = \frac{\Delta p}{\rho} \tag{2-2-1}$$

或

$$\sqrt{u_2^2 - u_1^2} = \sqrt{2\Delta p/\rho} \tag{2-2-2}$$

由于缩脉处位置随流速而变化，截面积 A_2 又未知，而孔口截面积 A_0 是已知的，因此，用孔口处流速 u_0 来替代上式中的 u_2，又考虑这种替代带来的误差以及实际流体局部阻力造成的能量损失，故需用系数 C 加以校正。式（2-2-2）改写为

$$\sqrt{u_0^2 - u_1^2} = C\sqrt{2\Delta p/\rho} \tag{2-2-3}$$

对于不可压缩流体，根据连续性方程可知 $u_1 = \dfrac{A_0}{A_1} u_0$，代入式（2-2-3）并整理可得

$$u_0 = \frac{C \sqrt{2\Delta p/\rho}}{\sqrt{1-\left(\dfrac{A_0}{A_1}\right)^2}} \tag{2-2-4}$$

令

$$\alpha_0 = \frac{C}{\sqrt{1-\left(\dfrac{A_0}{A_1}\right)^2}} \tag{2-2-5}$$

则式(2-2-4)简化为

$$u_0 = \alpha_0 \sqrt{2\Delta p/\rho} \tag{2-2-6}$$

根据 u_0 和 A_0 即可计算出流体的体积流量,即

$$Q_V = u_0 A_0 = \alpha_0 A_0 \sqrt{2\Delta p/\rho} \tag{2-2-7}$$

或

$$Q_V = u_0 A_0 = \alpha_0 A_0 \sqrt{2gR(\rho_0-\rho)/\rho} \tag{2-2-8}$$

式中:Q_V——流体的体积流量,m^3/s;R——U 形压差计的读数,m;ρ_0——压差计中指示液密度,kg/m^3;α_0——流量系数,无因次。

α_0 由孔板锐口的形状、测压口位置、孔径与管径之比和雷诺数 Re 决定,具体数值由实验测定。当孔径与管径之比为一定值时,Re 超过某个数值后,α_0 接近于常数。一般工业上定型的流量计,就是规定在 α_0 为定值的流动条件下使用。α_0 值范围一般为 $0.6\sim0.7$。

安装孔板流量计时要求在其上、下游各有一段直管段作为稳定段,上游长度至少为 $10d_1$,下游长度至少为 $5d_2$。孔板流量计构造简单,制造和安装都很方便,其主要缺点是机械能损失大。由于机械能损失,下游速度复原后,压力不能恢复到孔板前的值,称之为永久损失。d_0/d_1 的值越小,永久损失越大。

三、实验装置和流程

实验装置和流程如图 2-2-2 所示。图示装置为流体流动综合实验装置,流量计性能测定是其中的一部分。

四、实验操作要点

(1) 按下电源和离心泵的按钮,通电预热数字显示仪表,记录差压数字表第 1 路的初始值,关闭所有流量调节阀。

(2) 按下变频器启动按钮,启动离心泵。逐渐调大流量调节阀 18,排出管路里的气泡。

(3) 用阀 18 调节流量,从小流量至大流量或从大流量至小流量,测取 12 组左右数据(即同时测量压差和流量),并记录水温。

(4) 实验结束后,关闭流量调节阀,核实差压数字表初始值,停泵,切断电源。

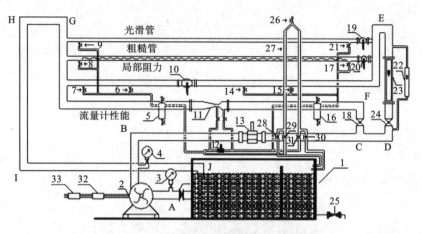

图 2-2-2　流体流动综合实验装置和流程图

1—水箱;2—水泵;3—入口真空表;4—出口压力计;5,16—缓冲罐;6,14—测局部阻力近端阀;

7,15—测局部阻力远端阀;8,17—粗糙管测压阀;9,21—光滑管测压阀;10—局部阻力阀;

11—文丘里流量计;12—压力传感器;13—涡轮流量计;18—阀门;19—光滑管阀;20—粗糙管阀;

22—小流量计;23—大流量计;24—阀门;25—水箱放水阀;26—倒 U 形管放空阀;27—倒 U 形管;

28,30—倒 U 形管排水阀;29,31—倒 U 形管平衡阀;32—功率表;33—变频调速器

五、实验注意事项

（1）启动离心泵之前,必须检查所有流量调节阀是否关闭。

（2）测数据时必须关闭流量计平衡阀。

六、实验报告

（1）将实验数据和整理结果列在数据表格中,并以其中一组数据为例写出计算过程。

（2）在合适的坐标系上,标绘节流式流量计的体积流量 Q_V 与压差 Δp 的关系曲线（即流量标定曲线）、流量系数 α_0 与雷诺数 Re 的关系曲线。

七、思考题

（1）为什么要排除实验管路及导压管中积存的空气?

（2）什么情况下的流量计需要标定? 标定方法有几种? 本实验是用哪一种?

实验三　离心泵性能测定实验

本实验为离心泵性能测定实验,包括离心泵特性曲线的测定和管路特性曲线的测定,以及计算机数据在线采集及自动控制功能等内容。根据实际教学需要,可选择部分或全部实验内容进行实验。

一、实验目的

（1）了解离心泵的结构和特性，掌握其操作和调节方法。
（2）测定离心泵在恒定转速下的特性曲线，并确定泵的最佳工作范围。
（3）测定管路特性曲线。

二、基本原理

1. 离心泵特性曲线测定

离心泵的性能参数取决于泵的内部结构、叶轮形式及转速。其中，理论压头与流量的关系可通过对泵内液体质点运动的理论分析得到，如图 2-3-1 中的曲线。由于流体流经泵时，不可避免地会遇到种种阻力，产生能量损失，诸如摩擦损失、环流损失等，因此，实际压头要比理论压头小，且难以通过计算求得。为此，通常采用实验方法，直接测定其参数间的关系，并将测出的 $H_e\text{-}Q$、$N\text{-}Q$、$\eta\text{-}Q$ 三条曲线称为离心泵的特性曲线。另外，根据此曲线也可以找出泵的最佳操作范围，作为选泵的依据。

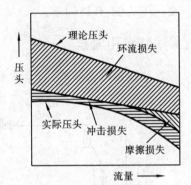

图 2-3-1　离心泵的理论压头与实际压头

当泵进出口管径相等时，泵的扬程用下式计算：

$$H_e = \frac{p_2}{\rho g} - \frac{p_1}{\rho g} + H_0 \qquad (2\text{-}3\text{-}1)$$

式中：p_1——泵入口处的压力（表压力），Pa，由泵入口处压力计（或真空表）读出；p_2——泵出口处的压力（表压力），Pa，由泵出口处压力计读出；H_0——压力计和真空表测压口之间的垂直距离，m。

由于泵在运转过程中存在种种能量损失，使泵的实际压头和流量较理论值低，而输入泵的功率又比理论值高，所以泵的总效率为

$$\eta = \frac{N_e}{N_{轴}} \qquad (2\text{-}3\text{-}2)$$

式中：N_e——泵的有效功率，kW；$N_{轴}$——泵轴输入离心泵的功率，kW。

$$N_e = \frac{Q \cdot H_e \cdot \rho}{102} \qquad (2\text{-}3\text{-}3)$$

式中：Q——流量，$\mathrm{m^3/s}$；H_e——扬程，m；ρ——流体密度，$\mathrm{kg/m^3}$。

由泵轴输入离心泵的功率

$$N_{轴} = N_{电} \cdot \eta_{电} \cdot \eta_{转} \qquad (2\text{-}3\text{-}4)$$

式中:$N_{电}$——电动机的输入功率,kW;$\eta_{电}$——电动机效率,取 0.9;$\eta_{转}$——传动装置的传动效率,一般取 1.0。

2. 管路特性曲线测定

当离心泵安装在特定的管路系统中工作时,实际的工作压头和流量不仅与离心泵本身的性能有关,还与管路特性有关。也就是说,在液体输送过程中,泵和管路二者是相互制约的。

在一定的管路上,泵所提供的压头和流量必然与管路所需的压头和流量一致。若将泵的特性曲线与管路特性曲线绘在同一坐标图上,两曲线交点即为泵在该管路的工作点。因此,可通过改变泵转速来改变泵的特性曲线,从而得出管路特性曲线。泵的压头 H_e 计算同上。

三、实验装置和流程

实验装置和流程如图 2-3-2 所示。

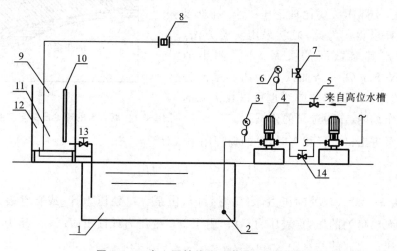

图 2-3-2　离心泵性能实验装置和流程图

1—蓄水池;2—底阀;3—真空表;4—离心泵;5—灌泵阀;6—压力计;

7—流量调节阀;8—孔板流量计;9—活动接口;10—液位计;

11—计量水槽(495 mm×495 mm×300 mm);12—回流水槽;13—计量水槽排水阀;14—截止阀

四、实验操作要点

(1) 在进行实验前,首先要灌泵(打开灌泵阀),排出泵内的气体(打开放气阀)。灌泵完毕后,关闭水源、引水阀和放气阀。

(2) 启动离心泵,用阀门调节流量,流量从零到最大或从最大到零,测取10～

12 组数据(同时测量泵入口真空度、泵出口压力、流量计读数、功率表读数),并记录水温,同时记录下设备的相关数据(如离心泵型号、额定流量、扬程、功率等)。

(3) 测定管路特性曲线时,固定阀门开度,改变离心泵电动机频率,测取 8~10 组数据(同时测量泵入口真空度、泵出口压力、流量计读数),并记录水温。

(4) 实验结束后,关闭流量调节阀,关闭离心泵,切断电源。

五、实验注意事项

(1) 启动离心泵之前,必须检查所有流量调节阀是否关闭。

(2) 正确使用变频调速器。

六、实验报告

(1) 将实验数据和计算结果列在数据表格中,并以一组数据为例写出计算过程。

(2) 画出离心泵的特性曲线,判断该泵较为适宜的工作范围;在图上标出离心泵的各种性能(如泵的型号、转速等),注明实验条件,并和制造厂给出的数值进行比较。

(3) 绘出管路特性曲线。

七、思考题

(1) 根据离心泵的工作原理,为什么离心泵启动前要引水灌泵?在启动前为何要关闭调节阀?如果已经引水灌泵了但离心泵还是启动不起来,你认为可能是什么原因?怎样解决?

(2) 当改变流量调节阀开度时,压力计和真空表的读数按什么规律变化?

(3) 为什么调节离心泵的出口阀可调节其流量?这种方法有什么优缺点?是否还有其他方法调节泵的流量?往复泵的流量是否也可采用同样的方法来调节?为什么?

(4) 为什么在离心泵进口管下安装底阀?从节能观点上看,底阀的装设是否有利?你认为应如何改进?

(5) 试分析气缚现象与气蚀现象的区别。

(6) 试分析允许吸上真空高度与泵的安装高度的区别。

(7) 若要实现计算机在线测控,应如何选用测试传感器及仪表?

实验四 过滤实验

本实验包括板框过滤实验、动态过滤实验及恒压过滤实验,以及计算机数据在线采集及自动控制功能等内容。根据实际教学需要,可选择部分或全部实验内容进行综合性和设计性实验。

Ⅰ　板框过滤实验

一、实验目的

(1) 熟悉板框过滤机的结构和操作方法。

(2) 掌握过滤问题的简化工程处理方法,测定某一压力下过滤方程式中过滤常数 k、q_e、θ_e,增进对过滤理论的理解。

(3) 测定洗涤速率与最终过滤速率的关系。

二、基本原理

过滤是利用能让液体通过而截留固体颗粒的多孔介质(滤布和滤渣),使悬浮液中的固、液得到分离的单元操作。过滤操作本质上是流体通过固体颗粒床层的流动,该固体颗粒床层的厚度随着过滤过程的进行而不断增加。过滤操作可分为恒压过滤和恒速过滤。恒压操作时,过滤介质两侧的压差维持不变,单位时间通过过滤介质的滤液量会不断下降;恒速操作时,保持过滤速度不变。

过滤速率基本方程的一般形式为

$$\frac{dV}{d\tau} = \frac{A^2 \Delta p^{1-s}}{\mu r' v (V + V_e)} \tag{2-4-1}$$

式中:V——τ 时间内的滤液量,m^3;V_e——过滤介质的当量滤液体积,它是形成相当于滤布阻力的一层滤渣所得的滤液体积,m^3;A——过滤面积,m^2;Δp——过滤的压降,Pa;μ——滤液黏度,$Pa \cdot s$;v——滤饼体积与相应滤液体积之比,无因次;r'——单位压差下滤饼的比阻,m^{-2};s——滤饼的压缩性指数,无因次,一般情况下,s 在 $0 \sim 1$ 之间,对于不可压缩的滤饼,$s=0$。

恒压过滤时,对上式积分可得

$$(q + q_e)^2 = K(\tau + \tau_e) \tag{2-4-2}$$

式中:q——单位过滤面积的滤液量,$q = V/A$,m^3/m^2;q_e——单位过滤面积的虚拟滤液量,m^3/m^2;K——过滤常数,即 $K = \dfrac{2\Delta p^{1-s}}{\mu r' v}$,$m^2/s$。

对上式微分可得

$$\frac{d\tau}{dq} = \frac{2q}{K} + \frac{2q_e}{K} \tag{2-4-3}$$

该式表明 $\dfrac{d\tau}{dq}$ 与 q 的关系为直线,其斜率为 $\dfrac{2}{K}$,截距为 $\dfrac{2q_e}{K}$。为便于测定数据计算速

率常数,可用$\dfrac{\Delta\tau}{\Delta q}$替代$\dfrac{\mathrm{d}\tau}{\mathrm{d}q}$,则式(2-4-3)可写成

$$\frac{\Delta\tau}{\Delta q}=\frac{2q}{K}+\frac{2q_{e}}{K} \tag{2-4-4}$$

将$\dfrac{\Delta\tau}{\Delta q}$对$q$标绘($q$取各时间间隔内的平均值),在正常情况下,各点均应在同一直线上,直线的斜率为$\dfrac{2}{K}=\dfrac{a}{b}$,截距为$\dfrac{2q_{e}}{K}=c$,由此可求出$K$和$q_{e}$。

三、实验装置和流程

实验装置和流程如图 2-4-1 所示。

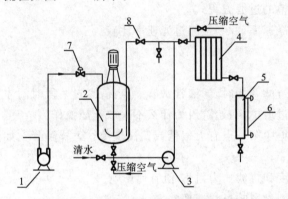

图 2-4-1　板框过滤实验装置和流程图

1—压缩机;2—配料釜;3—供料泵;4—圆形板框过滤机;5—滤液计量筒;
6—液面计及压力传感器;7—压力控制阀;8—旁路阀

四、实验操作要点

(1)悬浮液的配制:本实验用碳酸钙($CaCO_3$)粉末配制成浓度为 3%～5%(质量分数)的悬浮液较为适宜,其量占配料釜(储浆罐)的一半左右。

(2)排好板和框的位置和次序,装好滤布,然后压紧板框。滤布应先湿透,滤布孔要对准,表面平展无皱纹,否则会漏。

(3)计量筒的流液管口应贴筒壁,否则液面波动影响读数;计量筒中的液面应调整到零点。

(4)启动后打开悬浮液的进口阀,将压力调至指定的工作压力。

(5)待滤渣装满框时即可停止过滤(以滤液量显著减少到一滴一滴地流出为准)。

(6)若需洗涤或要求洗涤速率和过滤最终速率的关系,可通入洗涤水,并记下洗涤水量和时间。

(7) 若需吹干滤饼,则可通入压缩空气。

(8) 实验结束后,停止空气压缩机,关闭供料泵,拆开过滤机,取出滤饼,并将滤布洗净。如长期停机,则可在配料釜搅拌及供料泵工作情况下,打开放净阀,将剩余浆料排除,并通入部分清水清洗釜、供料泵及管道。

五、实验报告

(1) 列出实验原始数据表和数据整理表,并以一组实验数据为例写出详细计算过程。

(2) 绘出 $\dfrac{\Delta \tau}{\Delta q}$ 与 q 的关系图,列出 K、q_e、τ_e 的值。

(3) 写出完整的过滤方程式。

(4) 求出洗涤速率,并和最终过滤速率比较。

六、思考题

(1) 为什么过滤开始时,滤液常常有一点混浊,过一段时间才变得澄清?

(2) 在恒压过滤中,初始阶段为什么不采取恒压操作?

(3) 实验数据中第一点有无偏低或偏高现象? 怎样解释? 如何对待第一点数据?

(4) 滤浆浓度和过滤压力对 K 值有何影响?

(5) 有哪些因素影响过滤速率?

(6) 当操作压力增加一倍,其 K 值是否也增加一倍? 要得到同样的过滤量时,其过滤时间是否缩短一半?

(7) 如果滤液的黏度比较大,应考虑用什么方法加大过滤速率?

Ⅱ　动态过滤实验

一、实验目的

(1) 熟悉烛芯动态过滤器的结构与操作方法。

(2) 测定不同压差、流速及悬浮液浓度对过滤速率的影响。

二、基本原理

传统过滤中,滤饼不被搅动并不断增厚,固体颗粒连同悬浮液都以过滤介质为其流动终端,垂直流向操作,故又称终端过滤。这种过滤的主要阻力来自滤饼,为了保持过滤初始阶段的高过滤速率,可采用诸如机械的、水力的或电场的外加干扰限制滤饼增长,这种有别于传统的过滤称为动态过滤。

本动态过滤实验是借助一个流速较高的主体流动平行流过过滤介质,抑制滤饼层的增长,从而实现稳定的高过滤速率。

动态过滤特别适用于下列情况:①将分批过滤操作改为动态过滤,这样,不仅操作可连续化,而且可提高最终浆料的固体含量;②难以过滤的物料,如可压缩性较大、分散性较高或稍许形成滤饼即形成很大过滤阻力的浆料及浆料黏度大的假塑性物料(流动状态下黏度会降低)等;③在操作极限浓度内滤渣呈流动状态流出,省去卸料装置带来的问题;④洗涤效率要求高的场合。

三、实验装置和流程

实验装置和流程如图 2-4-2 所示。

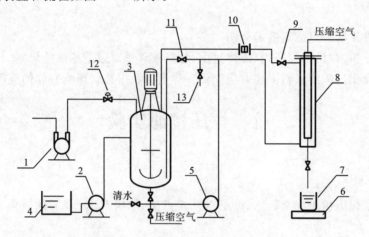

图 2-4-2 动态过滤实验装置和流程图

1—压缩机;2—磁力泵;3—原料罐;4—小储罐;5—旋涡泵;6—电子天平;7—烧杯;
8—烛芯过滤器;9—进料调节阀;10—孔板流量计;11—旁路阀;12—电磁阀;13—放净口阀

碳酸钙悬浮液在原料罐中配制,搅拌均匀后,用旋涡泵送至烛芯过滤器过滤。滤液由接收器(烧杯)收集,并用电子天平计量后,再倒入小储罐,并用磁力泵送回原料罐,以保持浆料浓度不变。浆料的流量和压力靠进料调节阀(9)和电磁阀(12)来调节和控制,并用孔板流量计计量。

四、实验操作要点

(1)悬浮液固体含量以 1‰~5‰,压力以 3~10 kPa,流速以 0.5~2.5 m/s 为宜。

(2)做正式实验前,建议先作出动态过滤速度趋势图(即滤液量与过滤时间的关系图),找到"拟稳态阶段"的起始时间,然后再开始测取数据,以保证数据的正确性。

（3）每做完一轮数据（一般 5～6 个点即可），可用压缩空气（由烛芯过滤器顶部进入）吹扫滤饼，并启动旋涡泵，用浆料将滤饼送返原料罐，再配制高浓度浆料，开始下一轮实验。

（4）实验结束后，如长期停机，则可在原料罐、搅拌罐及旋涡泵工作情况下，打开放净口阀，将浆料排出，存放，再通入部分清水，清洗罐、泵、过滤器。

五、实验报告

（1）绘制动态过滤速度趋势图（滤液量与过滤时间的关系图）。

（2）绘制操作压力、流体速度、悬浮液含量与过滤速度的关系图。

六、思考题

（1）论述动态过滤速度趋势图。

（2）分析、讨论操作压力、流体速度、悬浮液含量对过滤速度的影响。

（3）操作过程中浆料温度有何变化？对实验数据有何影响？如何克服？

Ⅲ　恒压过滤实验

一、实验目的

（1）掌握恒压过滤常数 K、q_e、τ_e 的测定方法，加深对 K、q_e、τ_e 的概念和影响因素的理解。

（2）学习滤饼的压缩性指数 s 和物料常数 k 的测定方法。

（3）学习 $\dfrac{\mathrm{d}\theta}{\mathrm{d}q}$-$q$ 一类关系的实验确定方法。

（4）学习用正交试验法来安排实验，达到最大限度地减小实验工作量的目的。

二、基本原理

同"Ⅰ板框过滤实验"。

三、实验装置和流程

设备流程如图 2-4-3 所示，滤浆槽内放有已配制的一定浓度的碳酸钙悬浮液。用电动搅拌器进行搅拌，使滤浆浓度均匀（但不要使流体旋涡太大，出现空气被混入液体的现象），用真空泵使系统产生真空，作为过滤推动力。滤液在计量瓶内计量。

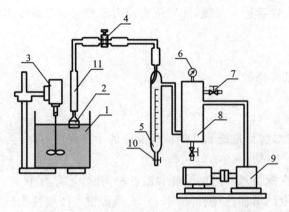

图 2-4-3　恒压过滤实验装置和流程示意图

1—滤浆槽；2—过滤漏斗；3—搅拌电动机；4—真空旋塞；5—计量瓶；6—真空表；
7—针形放空阀；8—缓冲罐；9—真空泵；10—放液阀；11—真空胶皮管

四、实验操作要点

（1）系统接上电源，启动电动搅拌器，待槽内浆液搅拌均匀，将过滤漏斗按流程图安装好，固定于滤浆槽内。

（2）打开放空阀，关闭旋塞及放液阀。

（3）启动真空泵，用放空阀及时调节系统内的真空度，使真空表的读数稍大于指定值，然后打开旋塞进行抽滤。此后注意观察真空表的读数，应恒定于指定值。当计量瓶滤液达到 100 mL 刻度时，按表计时，作为恒压过滤时间的零点。记录滤液每增加 100 mL 所用的时间。当计量瓶读数为 800 mL 时停止计时，并立即关闭旋塞。

（4）把放空阀全开，关闭真空泵，打开旋塞，利用系统内的大气压和液位高度差把吸附在过滤介质上的滤饼压回槽内，放出计量瓶内的滤液并倒回槽内，以保证滤浆浓度恒定。卸下过滤漏斗，洗净待用。

（5）改变真空度，重复上述实验。

五、实验注意事项

（1）过滤板与框之间的密封垫应放正，过滤板与框的滤液进出口对齐。用摇柄把过滤设备压紧，以免漏液。

（2）电动搅拌器为无级调速。使用时首先接上系统电源，打开调速器开关，调速钮一定由小到大缓慢调节，切勿反方向调节或调节过快，以免损坏电动机。

（3）启动搅拌前，用手旋转一下搅拌轴以保证顺利启动搅拌器。

（4）放置真空吸滤器时，一定要把它浸没在滤浆中，并且要垂直放置，防止吸入气体,物料不能连续进入系统,并避免在器内出现滤饼夺取度不均匀的现象。

六、实验报告

同"Ⅰ板框过滤实验"。

七、思考题

(1) 每次过滤之后,过滤漏斗的滤板冲刷的干净程度不同,会对实验测量有什么影响?

(2) 为什么在保持悬浮液的浓度和温度相同时,才有 K 仅与 Δp^{1-s} 有关?

(3) 随真空度的增加,所测得的 K、q_e、θ_e 及滤饼可压缩性指数 s 是否变化? 如何变化?

实验五　搅　拌　实　验

一、实验目的

(1) 掌握搅拌功率曲线的测定方法。在羧甲基纤维素纳(简称 CMC,也可改用其他高分子聚合物)水溶液中,分别测定搅拌釜中有挡板和无挡板时液-液相搅拌功率曲线。

(2) 了解影响搅拌功率的因素及其关联式。

二、基本原理

使两种或多种不同的物料在彼此之间互相分散,从而达到均匀混合的单元操作称为搅拌。搅拌是重要的化工单元操作之一,它常用于互溶液体的混合,不互溶液体的分散和接触,气液接触,固体颗粒在液体中的悬浮、强化传热、强化传质及化学反应等过程。搅拌聚合釜是高分子化工生产的核心设备。

搅拌过程中流体的混合要消耗能量,即通过搅拌器把能量输入被搅拌的流体中去。因此,搅拌釜内单位体积流体的能耗成为判断搅拌过程好坏的依据之一。

由于搅拌釜内液体运动状态十分复杂,搅拌功率目前尚不能由理论得出,只能由实验获得它和多变量之间的关系,并以此作为搅拌器设计放大过程中确定搅拌功率的依据。

液体搅拌功率消耗可表达为下列诸变量的函数:

$$N = f(K, n, d, \rho, \mu, g, \cdots)$$

式中:N——搅拌功率,W;K——无量纲系数;n——搅拌转数,r/s;d——搅拌器直径,m;ρ——流体密度,kg/m³;μ——流体黏度,Pa·s;g——重力加速度,m/s²。

由因次分析法可得下列无因次数群的关联式：

$$\frac{N}{\rho n^3 d^5} = K\left(\frac{d^2 n\rho}{\mu}\right)^x \left(\frac{n^2 d}{g}\right)^y \qquad (2\text{-}5\text{-}1)$$

令 $\dfrac{N}{\rho n^3 d^5} = N_p$（$N_p$ 称为功率无量纲数），$\dfrac{d^2 n\rho}{\mu} = Re$（$Re$ 称为搅拌雷诺数），$\dfrac{n^2 d}{g} = Fr$（Fr 称为搅拌弗劳德数），则

$$N_p = KRe^x Fr^y \qquad (2\text{-}5\text{-}2)$$

令 $\phi = \dfrac{N_p}{Fr^y}$（ϕ 称为功率因数），则

$$\phi = KRe^x \qquad (2\text{-}5\text{-}3)$$

对于不打旋的系统，重力影响极小，可忽略 Fr 的影响，即 $y = 0$，则

$$\phi = N_p = KRe^x \qquad (2\text{-}5\text{-}4)$$

因此，在对数坐标纸上可标绘出 N_p 与 Re 的关系。

搅拌功率计算方法：

$$N = IV - (I^2 R + Kn^{1.2}) \qquad (2\text{-}5\text{-}5)$$

式中：I——搅拌电动机的电枢电流，A；V——搅拌电动机的电枢电压，V；R——搅拌电动机的内阻，Ω；n——搅拌电动机的转数，r/s；K——常数，为 0.185。

三、实验装置和流程

本实验使用的是标准搅拌槽，其直径为 380 mm；搅拌桨为六片平直叶圆盘涡轮。装置流程见图 2-5-1。

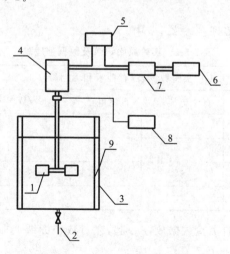

图 2-5-1　搅拌实验装置流程图

1—搅拌叶轮；2—放水阀；3—搅拌槽；4—电动机；5—直流电流表；
6—电动机调速器；7—直流电压表；8—测速仪；9—挡板

四、实验操作要点

（1）测定 CMC（或水）溶液搅拌功率曲线。检查电动机调速器电源是否关闭，打开总电源和调速器开关，慢慢转动调速旋钮，电动机开始转动。实验中每调一个转速，待数据显示基本稳定后方可读数，同时注意观察流型及搅拌情况。每调节一个转速，记录以下数据：电动机的电压（V）、电流（A）、转速（r/min）。参考数据点：可在转速为 40～150 r/min 时，取 10～12 个点测试。

（2）选择适宜转速。低转速时搅拌器的转动要均匀，高转速时以流体不出现旋涡为宜。

（3）实验结束时一定要把调速旋钮旋至"0"，方可关闭调速器。

（4）本实验可以通过增加或减少 CMC 的量来改变黏度进行实验，得出完整的搅拌功率曲线。

（5）实验也可以撤去挡板，测定无挡板搅拌功率曲线。

五、实验注意事项

（1）电动机调速一定是从"0"开始，调速过程要慢，否则易损坏电动机。

（2）不得随便移动实验装置。

（3）每一个溶液的黏度必须准确测量，否则会影响实验结果。

（4）实验过程中每组需测定搅拌槽内流体黏度。

六、实验报告

（1）将实验数据整理在表 2-5-1 中。

表 2-5-1　实验原始记录及数据整理表

实验数据表(有挡板和无挡板)					
序　号	转速/(r/min)	直流电流/A	直流电压/V	N/W	Re	N_p
1						
2						
⋮	⋮	⋮	⋮	⋮	⋮	⋮
12						

（2）把不同黏度的实验数据放在一起，在对数坐标纸上标绘 N_p-Re 曲线，将两条曲线作在同一坐标纸上。

（3）最少取一组数据为例计算全过程。

七、思考题

（1）几何相似的搅拌装置能共用搅拌功率曲线吗？

（2）试说明测定 $N_p\text{-}Re$ 曲线的实际意义。

实验六　传　热　实　验

本实验包括空气-水物系换热器的操作和传热系数的测定、空气-水蒸气物系换热器传热系数的测定和强化传热、冷空气-热空气物系列管式换热器传热系数的测定，以及计算机数据在线采集及自动控制功能等内容。根据实际教学需要，可选择部分或全部实验内容进行综合性和设计性实验。

I　空气-水物系换热器的操作和传热系数的测定

一、实验目的

（1）了解换热器的结构，掌握换热器主要性能指标的测定方法。

（2）测定空气-水物系在常用流速范围内的传热系数。

（3）学会换热器热负荷发生变化时，换热器的操作方法。

二、基本原理

在工业生产中，换热器是一种常用的换热设备。它由许多个传热元件（如列管式换热器的管束）组成。冷、热流体借助于换热器中的传热元件进行热量交换而达到加热或冷却的目的。由于传热元件的结构形式繁多，故各种换热器的性能差异很大。为了合理地选用或设计换热器，对它们的性能应该有充分的了解。除了文献资料外，通过实验测定换热器的性能是了解其性能的重要途径之一。

（1）传热系数 K 的测定。列管式换热器是一种间壁式换热器装置，其传热过程由三个子过程组成，即

热流体和管壁间的对流传热：

$$Q = \alpha_h A_h (T - T_w) \tag{2-6-1}$$

管壁内的热传导：

$$Q = \frac{\lambda}{\sigma} A_m (T_w - t_w) \tag{2-6-2}$$

管壁和冷流体之间的对流给热：

$$Q = \alpha_c A_c (t_w - t) \tag{2-6-3}$$

以冷流体侧传热面积为基准的传热系数与三个子过程的关系为

$$K = \frac{1}{\dfrac{1}{\alpha_c} + \dfrac{\delta A_c}{\lambda A_m} + \dfrac{A_c}{\alpha_h A_h}} \tag{2-6-4}$$

对于已知的物系和确定的换热器,式(2-6-4)可表示为 $K = f(G_h, G_c)$。因此,通过分别考察冷、热流体流量对传热系数的影响,可了解某个对流传热过程的性能。

传递系数 K 可借助热量衡算和传热速率方程式求取。

热量衡算:
$$Q_h = G_h c_{ph}(T_{进} - T_{出}) \tag{2-6-5}$$
$$Q_c = G_c c_{pc}(t_{出} - t_{进}) \tag{2-6-6}$$
$$Q_h = Q_c + Q_{损} \tag{2-6-7}$$

若 $Q_{损} = 0$,则
$$Q_h = Q_c = Q \tag{2-6-8}$$

由于实验存在偶然误差,一般情况下式(2-6-8)并不成立。换热器的传热量为
$$Q = (Q_h + Q_c)/2 \tag{2-6-9}$$

换热器操作的优劣以操作规程平衡度来度量,即
$$\eta = \frac{Q_h - Q}{Q} \times 100\% \tag{2-6-10}$$

传热速率式:
$$Q = KA_c \Delta t_m \tag{2-6-11}$$

式中
$$\Delta t_m = \varepsilon_{\Delta t} \cdot \Delta t_{m逆}$$
$$\Delta t_{m逆} = \frac{(T_{进} - t_{出}) - (T_{出} - t_{进})}{\ln \dfrac{T_{进} - t_{出}}{T_{出} - t_{进}}} \tag{2-6-12}$$

$\varepsilon_{\Delta t}$:全逆流时,$\varepsilon_{\Delta t} = 1$;单壳程、双管程时,可查教材相应的曲线。

所以
$$K = \frac{1}{\dfrac{1}{\alpha_h A_h} + \dfrac{\delta}{\lambda A_m} + \dfrac{1}{\alpha_c A_c}} \tag{2-6-13}$$

(2) 换热器的操作和调节。换热器的热负荷发生变化时,需通过对换热器的操作以完成任务。由传热速率知,影响传热量的参数有传热面积、传热系数和过程平均温差三要素,由热量衡算知,由于换热器热(或冷)流体的出口温度不能随意改变,在操作时只能改变热(或冷)流体的流量和进口温度。

① 工艺要求:T_1、T_2 一定,若 G_h 增大,则热阻在冷流体侧时,G_c 急剧增大引起 K 增大,Δt_m 增大引起 Q 增大;热阻在热流体侧时,t_1 减小引起 K 增大,Δt_m 增大引起 Q 增大。

② 工艺要求:t_1、t_2 一定,若 G_c 增大,则热阻在热流体侧时,G_h 急剧增大引起 K 增大,Δt_m 增大引起 Q 增大;热阻在冷流体侧时,T_1 增大引起 K 增大,Δt_m 增大引起 Q 增大。

三、实验装置和流程

列管式换热器:GLC1-α4 单壳程双管程,壳层为圆缺挡板;传热管为低肋铜管 $\phi10\ mm\times1\ mm$,有效管长为 290 mm;管数为 14;$A_{外}=0.4\ m^2$。实验流程如图 2-6-1所示。

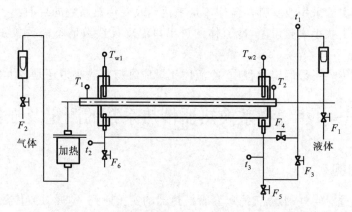

图 2-6-1　换热器操作和传热系数测定流程图

四、实验操作要点

(1) 打开冷水流量计阀门,维持一定的冷水流量。

(2) 启动风机,通过气体流量计上的阀门和风机出口处的旁路,调节气体流量至一定值。

(3) 接通电源,加热空气,设定为 100~120 ℃,维持空气的进口温度。

(4) 维持冷、热流体流量不变,当热空气进口温度在一定时间内(约 10 min)基本保持不变时,记录有关数据,每个实验点测 3~4 次数据,测量间隔时间为 3~5 min。

(5) 测量总传热系数时,在维持冷流体流量不变的情况下,根据实验有关要求,改变空气流量 5 次。

(6) 在进行换热器的操作时,以某次实验为基准,拟定调节方案,并按第(4)点的要求测定数据。

(7) 实验结束后,关闭加热电源,待热空气温度降至 50 ℃以下,关闭冷、热流体源,关闭冷、热流体调节阀。

五、实验报告

(1) 填写原始数据记录表,将有关数据整理在数据处理表中。

(2) 列出实验结果,写出典型数据的计算过程,分析和讨论实验现象。

六、思考题

（1）本实验热阻受何种流体控制？应如何设计操作？

（2）为什么要待热空气进口温度稳定后才读数？

（3）在实验中有哪些因素影响实验的稳定性？

（4）本实验采用改变哪种流体流量来达到改变传热系数的目的？

（5）为了减小实验误差,冷流体的进出口温度计读数需不需要校正？如果需要,如何校正？

（6）在传热系数测定过程中,冷流体流量应维持在较小值还是较大值？

Ⅱ　空气-水蒸气物系换热器传热系数的测定及强化传热

一、实验目的

（1）通过对空气-水蒸气简单套管换热器的实验研究,掌握对流传热系数 α_i 及传热系数 K 的测定方法,加深对其概念和影响因素的理解。

（2）通过实验并应用线性回归分析方法,掌握确定传热膜系数特征数关系式中的系数 A 和指数 m、n 的方法。

（3）通过实验提高对特征数关系式的理解,并分析影响 α 的因素,了解工程上强化传热的措施。

（4）通过对管程内部插有螺旋线圈的空气-水蒸气强化套管换热器的实验研究,测定其特征数关联式 $Nu = BRe^m$ 中常数 B、m 的值和强化比 Nu/Nu_0,了解强化传热的基本理论和基本方式。

（5）掌握换热器的操作方法。

二、基本原理

对流传热的核心问题是求算传热膜系数 α,当流体无相变时对流传热特征数关联式的一般形式为

$$Nu = ARe^m Pr^n Gr^p \tag{2-6-14}$$

对于强制湍流而言,Gr 可以忽略,即

$$Nu = ARe^m Pr^n \tag{2-6-15}$$

本实验中,可用图解法和最小二乘法计算上述特征数关系式中的指数 m、n 和系数 A。

用图解法对多变量方程进行关联时,要对不同变量 Re 和 Pr 分别回归。本实验可简化式(2-6-15),即取 $n=0.4$(流体被加热)。这样,式(2-6-15)即变为单变量

方程,在两边取对数,即得到直线方程:

$$\lg \frac{Nu}{Pr^{0.4}} = \lg A + m \lg Re \qquad (2\text{-}6\text{-}16)$$

在双对数坐标系中作图,找出直线斜率,即为方程的指数 m。在直线上任取一点的函数值代入方程中,则可得到系数 A,即

$$A = \frac{Nu}{Pr^{0.4} Re^m} \qquad (2\text{-}6\text{-}17)$$

用图解法,根据实验点确定直线位置有一定的人为性;而用最小二乘法回归,可以得到最佳关联结果。应用计算机辅助手段,对多变量方程进行一次回归,就能同时得到 A、m、n。

对于方程的关联,首先要有 Nu、Re、Pr 的数据组。其特征数定义式分别为

$$Re = \frac{du\rho}{\mu}, \quad Pr = \frac{Cp\mu}{\lambda}, \quad Nu = \frac{\alpha d}{\lambda}$$

实验中改变空气的流量,以改变 Re 的值。根据定性温度(空气进、出口温度的算术平均值)计算对应的 Pr 值。同时,由牛顿冷却定律,求出不同流速下的传热膜系数值,进而算得 Nu 值。

牛顿冷却定律:

$$Q = \alpha A \Delta t_m \qquad (2\text{-}6\text{-}18)$$

式中:α——传热膜系数,$W/(m^2 \cdot ℃)$;Q——传热量,W;A——总传热面积,m^2;Δt_m——管壁温度与管内流体温度的对数平均温差,$℃$。

传热量可由下式求得:

$$Q = Wc_p(t_2 - t_1)/3\,600 = \rho Q_s c_p(t_2 - t_1)/3\,600 \qquad (2\text{-}6\text{-}19)$$

式中:W——质量流量,kg/h;c_p——流体定压比热容,$J/(kg \cdot ℃)$;t_1、t_2——流体进、出口温度,$℃$;ρ——定性温度下流体密度,kg/m^3;Q_s——流体体积流量,m^3/h。

空气体积流量由孔板流量计测得,体积流量 Q_s 与孔板流量计压降 Δp 的关系为

$$Q_s = 26.2\Delta p^{0.54} \qquad (2\text{-}6\text{-}20)$$

式中:Δp——孔板流量计压降,kPa;Q_s——空气体积流量,m^3/h。

三、实验装置和流程

实验装置和流程如图 2-6-2 所示。

四、实验操作要点

(1) 向电加热釜(蒸汽发生器)中加水至水罐高度的 $1/2 \sim 2/3$。

(2) 检查空气流量旁路调节阀是否全开,检查蒸汽管支路各控制阀是否已打开。保证蒸汽和空气管线的畅通。

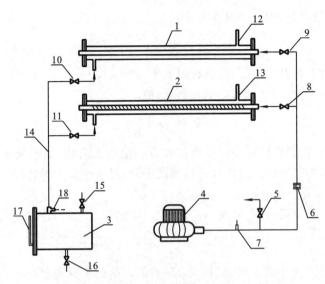

图 2-6-2　空气-水蒸气换热器实验装置和流程图

1—普通套管换热器;2—内插有螺旋线圈的强化套管换热器;3—蒸汽发生器;4—旋涡气泵;
5—旁路调节阀;6—孔板流量计;7—风机出口温度(冷流体入口温度)测试点;8,9—空气支路控制阀;
10,11—蒸汽支路控制阀;12,13—蒸汽放空口;14—蒸汽上升主管路;15—加水口;16—放水口;
17—液位计;18—冷凝液回流口

(3) 实验开始时,关闭蒸汽发生器补水阀,并接通蒸汽发生器的加热电源,设定加热电压,开始加热。

(4) 启动风机并用放空阀来调节流量,将空气流量控制在某一值。待仪表数值稳定后,记录数据,改变空气流量(8~10 次),重复实验,记录数据。

(5) 实验结束后,依次关闭加热电源、风机和总电源,一切复原。

五、实验注意事项

(1) 实验前将加热器(蒸汽发生器)内的水加到指定的位置,防止电热器干烧损坏电器。

(2) 必须保证蒸汽上升管线的畅通和空气管线的畅通。

(3) 风机不要在出口阀关闭状态下长时间运行。

(4) 切记每改变一个流量后,应等到数据稳定后再读取数据。

六、实验报告

(1) 将有关数据(包括换热量、传热系数、各特征数以及重要的中间计算结果)填写在原始数据表、数据结果表中,并以其中一组数据为例写出计算过程。

(2) 在双对数坐标系中绘出 $Nu/Pr^{0.4}$-Re 的关系曲线。

(3) 整理出流体在圆管内作强制湍流流动的传热膜系数半经验关联式。

(4) 将实验得到的半经验关联式和公认的关联式进行比较。

七、思考题

(1) 本实验中空气和水蒸气的流向对传热效果有何影响？要不要考虑它们的进出口位置？

(2) 在蒸汽冷凝时，若存在不凝性气体，你认为将会产生什么影响？应该采取什么措施？

(3) 本实验中管壁温度应接近蒸汽温度还是空气温度？为什么？

(4) 管内空气流动速度对传热膜系数有何影响？当空气速度增大时，空气离开热交换器时的温度将升高还是降低？为什么？

(5) 如果采用不同压力的蒸汽进行实验，对 α 的关联有无影响？

(6) 以空气为介质的传热实验中雷诺数 Re 最好应如何计算？

(7) 本实验可采取哪些措施强化传热？

Ⅲ　冷空气-热空气物系列管式换热器传热系数的测定

一、实验目的

(1) 通过测定换热器冷、热流体的流量，换热器的进、出口温度，熟悉换热器性能的测试方法。

(2) 了解列管式换热器的结构特点及其性能的差别。

(3) 通过测定参数，计算换热器流体的热量；计算换热器的传热系数及效率；分析换热器的传热状况，加深对顺流和逆流两种流动方式换热器换热能力差别的认识。

(4) 学习掌握换热器智能仪表控制系统的软硬件控制知识。

二、基本原理

1. 概述

本换热器性能测试实验装置，主要对应用较广的列管式换热器进行性能测试，并可以进行顺流和逆流两种流动方式的性能测试。

换热器性能实验的内容主要为测定换热器的总传热系数、对数传热温差和热平衡误差等，并就不同换热器、不同流动方式、不同工况的传热情况和性能进行比较和分析。

2. 实验装置参数

本实验台的热水加热采用电加热方式,冷、热流体的进、出口温度采用 Pt100 加智能多路液晶巡检仪表进行测量显示,实验装置参数如下:

(1) 列管式换热器换热面积:1.0 m^2。

(2) 电加热管总功率:2 kW。

(3) 冷热流体风机:

允许工作温度:<80 ℃;

额定流量:120 m^3/h;

电机电压:220 V;

电机功率:750 W;

(4) 孔板流量计:

流量:6~80 m^3/h;

允许工作温度:0~80 ℃。

三、实验装置和流程

1. 实验装置流程

本实验装置采用冷空气和用阀门换向进行顺、逆流实验。工作流程如图 2-6-3 所示,换热形式为热空气-冷空气换热式。

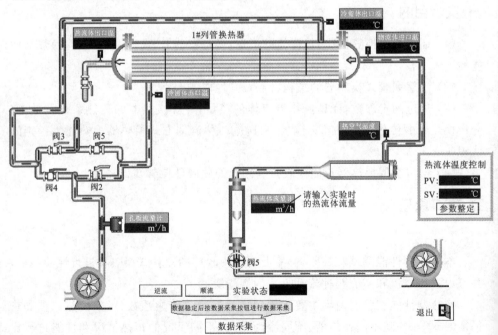

图 2-6-3　列管式换热器实验装置和流程图

2. 仪表控制板

仪表控制板如图 2-6-4 所示。温度巡检仪 1～4 号通道分别对应于列管式换热器冷流体进口温度、冷流体出口温度、热流体进口温度、热流体出口温度。

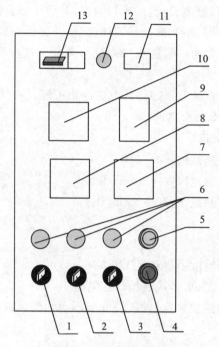

图 2-6-4 仪表控制板

1—仪表电源开关；2—冷流体风机电源开关；3—热流体风机电源开关；4—加热管停止按钮；

5—加热管启动按钮；6—指示灯；7—冷流体流量手/自动控制仪；8—热流体温度手/自动控制仪；

9—冷流体变频器；10—温度巡检仪：冷进/冷出/热进/热出；11—加热管电压指示；

12—总电源指示灯；13—总电源空气开关

四、实验操作要点

1. 实验前准备

(1) 熟悉实验装置及仪表的工作原理和功能。

(2) 按顺流或逆流方式调整冷流体换向阀门。逆流时，打开阀 2、阀 3，关闭阀 4、阀 5；顺流时，打开阀 4、阀 5，关闭阀 2、阀 3。

2. 实验操作

(1) 接通电源：接通仪表电源，接通热流体风机电源，按下加热管启动按钮，开始加热，温度一般控制在 80～110 ℃。

(2) 实验时，打开换热器热流体进出口阀门。

(3) 控制热流体流量在一定值，注意不能小于 30 m³/h，否则会由于风量过小而烧坏加热管。调节冷流体流量,等系统处于稳态后记录数据,然后多次改变冷流体流量并记录数据。流量范围一般为 0~80 m³/h,调节间隔一般为 5~10 m³/h。

(4) 控制冷流体流量在一定值,调整热流体流量,等系统运行稳定后,记录下冷流体流量、冷流体进口温度、冷流体出口温度,并记录热流体流量、热流体进口温度、热流体出口温度。然后多次改变热流体流量,并把相关数据记录在表格中。

(5) 若需改变流动方向(顺/逆流)的实验,重复上述步骤(2)至(4),并记录实验数据。

(6) 实验结束后应首先按下加热管电源停止按钮,停止加热,20 min 后等热流体温度降到 50 ℃后切断所有电源。

3. 实验参数控制范围

(1) 热流体温度控制范围:80~110 ℃。

(2) 冷流体流量控制范围:0~80 m³/h。

(3) 热流体流量控制范围:30~80 m³/h。

五、实验注意事项

(1) 热流体的加热温度不得超过 110 ℃。

(2) 开机时先开启风机,再接通加热管电源。

(3) 停机时应先切断加热管电源,20 min 后再切断风机电源。

六、实验报告

1. 数据计算

热流体放热量: $\qquad \Phi_1 = c_{p1} Q_{m1} (T_1 - T_2)$

冷流体放热量: $\qquad \Phi_2 = c_{p2} Q_{m2} (t_1 - t_2)$

平均换热量: $$\Phi = \frac{\Phi_1 + \Phi_2}{2}$$

热平衡误差: $$\Delta = \frac{\Phi_1 - \Phi_2}{2} \times 100\%$$

对数传热温差:

$$\Delta_1 = (\Delta T_2 - \Delta T_1)/\ln(\Delta T_2/\Delta T_1) = (\Delta T_1 - \Delta T_2)/\ln(\Delta T_1/\Delta T_2)$$

传热系数: $\qquad\qquad K = \Phi/F\Delta_1$

式中: c_{p1}, c_{p2}——热、冷流体的定压比热容; Q_{m1}, Q_{m2}——热、冷流体的质量流量; T_1, T_2——热流体的进、出口温度; t_1, t_2——冷流体的进、出口温度; $\Delta T_1 = T_1 - t_2$; $\Delta T_1 = T_2 - t_1$; F——换热器的换热面积。

注:热、冷流体的质量流量 Q_{m1}、Q_{m2} 是修正后的流量计体积流量读数 Q_{V1}、Q_{V2} 换算成的质量流量值。

2. 绘制热性能曲线,并作比较

(1) 以传热系数为纵坐标,冷(热)流体流量为横坐标,绘制传热性能曲线。

(2) 对列管式换热器顺流和逆流传热性能进行比较。

七、思考题

(1) 实验中有哪些因素会影响操作的稳定性及实验结果的准确性?

(2) 若要强化换热器的传热,应从哪几个方面考虑?

实验七　精馏实验

本实验可分别以乙醇-正丙醇和乙醇-水物系为研究对象进行精馏实验,主要包括全回流和部分回流时全塔理论板数的测定、全塔效率及单板效率的测定、全塔浓度(温度)分布测定、塔釜再沸器的沸腾给热系数测定,以及计算机数据在线采集及自动控制等内容。根据实际教学需要,可选择部分或全部实验内容进行综合性和设计性实验。

Ⅰ　筛板精馏塔

一、实验目的

(1) 熟悉精馏的工艺流程,掌握精馏实验的操作方法。

(2) 了解板式塔,观察塔板上气液接触状况。

(3) 测定全回流时的全塔理论板数、全塔效率及单板效率。

(4) 测定部分回流时的全塔理论板数及全塔效率。

(5) 测定全塔的浓度(或温度)分布。

(6) 测定塔釜再沸器的沸腾给热系数。

二、基本原理

在板式精馏塔中,由塔釜产生的蒸气沿塔逐板上升,与来自塔顶逐板下降的回流液在塔板上实现多次接触,进行传热与传质,使混合液达到一定程度的分离。

回流是精馏操作得以实现的基础。塔顶的回流量与采出量之比,称为回流比。回流比是精馏操作的重要参数之一,它的大小影响着精馏操作的分离效果和能耗。

回流比存在着两种极限情况:最小回流比和全回流。若塔在最小回流比下操作,要完成分离任务,则需要有无穷多块塔板的精馏塔。当然,这不符合工业实际,所以最小回流比只是一个操作限度。若操作处于全回流,既无任何产品采出,也无原料加入,塔顶的冷凝液全部返回塔中,这在生产中也无意义。但是,由于此时所需理论板数最少,又易于达到稳定,故常在工业装置的开停车、排除故障及科学研究时采用。

实际回流比常取最小回流比的 1.2～2.0 倍。在精馏操作中,若回流系统出现故障,操作情况会急剧恶化,分离效果也将会变坏。

板效率是体现塔板性能及操作状况的主要参数,它有以下两种定义方法:

(1)总板效率 E:

$$E = \frac{N}{N_e} \tag{2-7-1}$$

式中:E——总板效率;N——理论板数(不包括塔釜);N_e——实际板数。

(2)单板效率 E_{ml}:

$$E_{ml} = \frac{x_{n-1} - x_n}{x_{n-1} - x_n^*} \tag{2-7-2}$$

式中:E_{ml}——以液相浓度表示的单板效率;x_n、x_{n-1}——第 n 块板和第 $n-1$ 块板液相浓度;x_n^*——与第 n 块板气相浓度相平衡的液相浓度。

总板效率与单板效率的数值通常均由实验测定。单板效率是评价塔板性能优劣的重要数据。物系性质、板型及操作负荷是影响单板效率的重要因数。当物系与板型确定后,可以通过改变气液负荷来达到最高的板效率;对于不同的板型,可以在保持相同的物系及操作条件下,测定其单板效率,以评价其性能的优劣。总板效率反映了全塔各塔板的平均分离效果,常用于板式塔设计中。

若改变塔釜再沸器中电加热器的电压,塔内上升蒸气量将会改变,同时,塔釜再沸器电热器表面的温度将发生变化,其沸腾给热系数也将发生变化,从而可以得到沸腾给热系数与加热量的关系。由牛顿冷却定律,可知

$$Q = \alpha \cdot A \cdot \Delta t_m \tag{2-7-3}$$

式中:Q——加热量,kW;α——沸腾给热系数,kW/(m^2 · K);A——传热面积,m^2;Δt_m——加热器表面温度与主体温度之差,℃。

若加热器的壁面温度为 t_s,塔釜内液体的主体温度为 t_w,则上式可改写为

$$Q = \alpha \cdot A \cdot (t_s - t_w) \tag{2-7-4}$$

由于塔釜再沸器加热形式为直接电加热,则其加热量为

$$Q = \frac{U^2}{R} \tag{2-7-5}$$

式中:U——电加热器的加热电压,V;R——电热器的电阻,Ω。

三、实验装置和流程

本实验的装置和流程如图 2-7-1 所示,它主要由精馏塔、回流分配装置及测控系统组成。

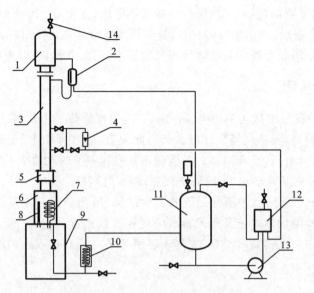

图 2-7-1　精馏装置和流程示意图

1—塔顶冷凝器;2—回流比分配器;3—塔身;4—转子流量计;5—视盅;6—塔釜;
7—塔釜加热器;8—控温加热器;9—支座;10—冷却器;11—原料储罐;12—缓冲罐;
13—进料泵;14—塔顶放气阀

四、实验操作要点

（1）对照流程图,熟悉精馏过程的流程,并认清仪表柜上按钮与各仪表所对应的设备与测控点。

（2）在原料储罐中配制一定浓度（质量分数为 20％～25％）的乙醇正丙醇溶液,或一定浓度（体积分数为 15％～20％）的乙醇水溶液,启动进料泵,向塔中供料至指定的高度（冷液面在塔釜总高 2/3 处）,然后关闭流量计阀门。

（3）启动塔釜加热、塔身伴热,观察塔釜、塔身、塔顶温度及塔板上的气液接触状况（观察视镜）,发现塔板上有料液时,打开塔顶冷凝器的冷却水控制阀。

（4）测定全回流情况下的单板效率及全塔效率。在一定回流量下,全回流一段时间,待该塔操作参数稳定后,即可在塔顶、塔釜及相邻两块塔板上取样,用阿贝折光仪进行分析,测取数据（重复 2～3 次）,并记录各操作参数。

（5）待全回流操作稳定后,根据进料板上的浓度调整进料液的浓度,开启进料泵,设定进料量及回流比,测定部分回流条件下的全塔效率。塔釜液面维持恒定（调整釜液排出量）。切记在排釜液前,要打开釜液冷却器的冷却水控制阀。待塔操作稳定后,在塔顶、塔釜取样,分析测取数据。

（6）测定塔釜再沸器的沸腾给热系数。调节塔釜加热器的加热电压,待稳定后,记录塔釜温度及加热器壁温,然后改变加热电压,测取 8～10 组数据。

(7) 实验完毕后,停止加料,关闭塔釜加热及塔身伴热,待一段时间后(视镜内无料液时),切断塔顶冷凝器及釜液冷却器的供水,切断电源,清理现场。

五、实验注意事项

(1) 本实验设备加热功率由电位器来调节,故在加热时千万别过快,以免发生爆沸(过冷沸腾),使釜液从塔顶冲出。若遇此现象,应立即断电,重新加料到指定冷液面,再缓慢升电压,重新操作。升温和正常操作中釜的电功率不能过大。

(2) 开车时先开冷却水,再向塔釜供热;停车时则反之。

(3) 为便于对全回流和部分回流的实验结果(塔顶产品和质量)进行比较,应尽量使两组实验的加热电压及所用料液浓度相同或相近。连续分批做实验时,在做实验前应将前一次实验时留存在塔釜、塔顶和塔底产品接收器内的料液均倒回原料储罐中。

六、实验报告

(1) 将实验数据和计算结果列在数据表格中,并以其中一组数据为例,写出典型数据的计算过程。

(2) 在直角坐标纸上绘制 x-y 图,用图解法求出理论板数。

(3) 求出全塔效率和单板效率。

(4) 报告部分回流操作结果:操作时间、最终产品量、产品组成、釜液组成。

(5) 绘制沸腾给热系数与加热量的关系曲线。

(6) 画出精馏塔在全回流和部分回流、稳定操作条件下,塔体内温度和浓度沿塔高的分布曲线。

七、思考题

(1) 什么是全回流? 全回流操作有哪些特点? 在生产中有什么实际意义? 如何测定全回流条件下塔的气液负荷? 如何确定全塔效率?

(2) 精馏塔操作中,塔釜压力为什么是一个重要操作参数? 它与哪些因素有关?

(3) 塔釜加热对精馏的操作参数有什么影响? 你认为塔釜加热量主要消耗在何处? 与回流量有无关系?

(4) 操作中增加回流比的方法是什么? 能否采用减少塔顶出料量的方法来增加回流比?

(5) 在精馏塔中,维持连续、稳定操作的条件有哪些?

(6) 冷料进料对精馏塔操作有什么影响? 进料口位置如何确定?

（7）什么叫"灵敏板"？塔板上的温度（或浓度）受哪些因素影响？试从相平衡和操作因素两方面分别予以讨论。

（8）板式塔气液两相平衡的流动特点是什么？

（9）塔板效率受哪些因素影响？

（10）为什么要控制塔釜液面？它与物料、热量和相平衡有什么关系？

（11）在精馏塔操作过程中，由于塔顶采出率太高而造成产品不合格，要使生产恢复正常，最快、最有效的方法是什么？

（12）在部分回流操作时，如何根据全回流的数据，选择合适的回流比和进口位置？

（13）精馏塔的常压操作是怎样实现的？如果要改为加压或减压操作，又怎样实现？

Ⅱ　填料精馏塔

一、实验目的

（1）了解连续精馏塔（筛板或填料塔）的基本结构及流程，掌握连续精馏塔的操作方法。

（2）学会填料精馏塔全塔效率、全回流时单板效率或填料塔等板高度的测定方法。

（3）确定部分回流时不同回流比对精馏塔效率或等板高度的影响。

（4）了解塔釜液位自动控制、回流比和电加热自动控制的工作原理和操作方法。

（5）学会识别精馏塔内出现的几种操作状态，并分析这些操作状态对塔性能的影响。

（6）测定全塔的浓度（或温度）分布。

（7）熟悉气相色谱仪的使用方法。

二、基本原理

同"Ⅰ筛板精馏塔"实验。

三、实验装置和流程

实验装置和流程如图 2-7-2 所示。塔内径 $D_内 = 66$ mm，塔内填料层（乱堆）高度 $Z = 1.0$ m，填料为不锈钢 θ 环散装填料，尺寸为 6 mm×6 mm，比表面积为 440 m^2/m^3，空隙率为 0.7 m^3/m^3，堆积密度为 700 kg/m^3，填料因子为 1 500 m^{-1}，填料

层支承栅板开孔率为75%。塔底电加热,加热功率为4.0 kW。塔顶冷凝器为列管式换热器。采用LMI电磁微量计量泵进料。

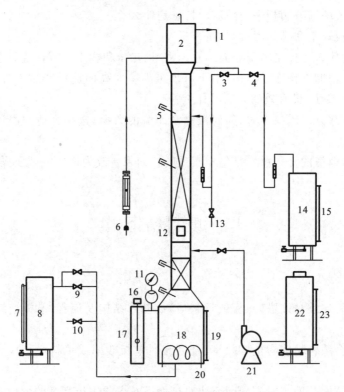

图 2-7-2　填料精馏塔流程图

1—冷却水出口;2—冷凝器;3—电磁阀1;4—电磁阀2;5—测温点;6—冷却水进口;
7,15,19,23—液位计;8,22—原料罐;9—电磁阀;10,13—取样口;11—膜盒表;12—视盅;
14—塔顶产品槽;16—加料口;17—液位传感器;18—塔釜;20—电加热器;21—原料泵

四、实验操作要点

1. 全回流

(1) 配制浓度为16%~19%(用酒精密度计测)的料液加入釜中,至釜容积的2/3处。

(2) 检查各阀门位置,回流比控制转换按钮置于手动挡上,接通仪表电源,再接通电加热管电源,先用手动(电压为150 V)给釜液缓缓加热升温,3 min后将电压升至300~380 V,若发现泛塔或液沫夹带过量,可适当降低电压。

(3) 塔釜加热开始后,打开进冷凝器的冷却水阀门,流量调至200~400 L/h,使蒸气全部冷凝实现全回流,此前馏出液转子流量计阀门要全关,回流液转子流量计阀门要全开。

（4）打开计算机，进入精馏实验实时监控软件，实现实验过程的自动检测和控制，观察精馏塔操作过程中的每个参数。

（5）当塔顶温度、回流量和塔釜温度稳定后，分别取塔顶样品和塔釜样品进行色谱分析。

　　2．部分回流

　　1）回流比手动控制操作

（1）在原料罐中配制一定浓度的酒精溶液（10％～20％）。

（2）待精馏塔全回流操作稳定时，打开进料阀，开启进料泵（LMI 电磁微量计量泵），然后调节进料量至适当的流量。如在实时监控软件上设定泵流量为泵最大流量的 50％、60％、70％、80％、90％等，泵的最大流量（100％）为 11.37 L/h。

（3）调节馏出液、回流液转子流量计上的阀门开度，以确定回流比 $R(R=1\sim4)$。

（4）接通塔釜液位调节阀电源，以实现塔釜液自动出料（注意塔釜液位设定值要合适）。

（5）当流量、塔顶及塔内温度读数稳定后，即可分别取塔顶样品和塔釜样品，然后进行色谱分析。

　　2）回流比自动控制操作

（1）同上步骤（1）。

（2）同上步骤（2）。

（3）将回流比控制转换按钮拨至自动挡，在监控程序上设定回流比 $R(R=1\sim4)$。

（4）同上步骤（4）。

（5）同上步骤（5）。

　　3．取样与分析

（1）进料、塔顶、塔釜液从各自相应的取样阀放出。

（2）塔板上液体取样用注射器从所测定的塔板中缓缓抽出，取 1 mL 左右注入事先洗净烘干的针剂瓶中，并给该瓶盖标号以免出错，各个样品尽可能同时取样。

（3）将样品进行色谱分析。

五、实验注意事项

（1）塔顶放空阀一定要打开。

（2）料液一定要加到设定液位 2/3 处方可接通加热管电源，否则塔釜液位过低会使电加热丝露出干烧损坏。

（3）部分回流时，开启进料泵前务必先打开进料阀，否则会损害进料泵。

六、实验报告

（1）将塔顶、塔底温度和组成等原始数据列表。

（2）按全回流和部分回流分别计算理论板数。

（3）在直角坐标纸上绘制 x-y 图，用图解法求出理论板数。

（4）计算全塔效率、单板效率。

（5）分析并讨论实验过程中观察到的现象。

（6）结合精馏操作对实验结果进行分析。

实验八　吸收实验

本实验可分别进行氨气-空气系统、丙酮-空气系统及二氧化碳-空气系统的吸收分离操作，包括填料吸收塔的流体力学特性、吸收塔传质系数的测定及吸收塔的操作，以及计算机数据在线采集及自动控制等内容。根据实际教学需要，可选择部分或全部实验内容进行综合性和设计性实验。

Ⅰ　氨气-空气系统填料吸收塔实验

本实验以氨气-空气混合气体为特征物系，对填料吸收塔传质特性及流体力学性能进行实验研究。

一、实验目的

（1）了解填料吸收塔的结构、流程及操作方法。

（2）观察填料塔中的气液逆流流动情况。

（3）测定填料塔的液体力学特性（压降-气速-喷淋密度关系、液泛速度等）。

（4）学习填料吸收塔传质能力和传质效率的测定方法。

（5）掌握脉冲法测定填料塔中液相停留时间分布的方法。

（6）掌握用矩量法估计液相返混参数 Pe（彼克列数）的方法。

二、基本原理

吸收分离的基本原理是根据气体混合物中的不同组分在溶剂中的溶解度不同而达到分离的目的。一般生产上要求吸收过程的吸收率尽可能高。吸收率

$$\eta = \frac{吸收的溶质质量}{气体中原有的溶质质量} = \frac{V(Y_b - Y_a)}{VY_b} = 1 - \frac{Y_a}{Y_b}$$

式中：V——混合气中不溶气（惰性气）的量，kmol/h；Y_a、Y_b——吸收前、后混合气中溶质与不溶气之比，kmol(溶质)/kmol(不溶气)。

Y 与 y 或 p 之间的关系为

$$Y = \frac{y}{1-y}, \quad Y = \frac{p_总}{p_总 - p_分}$$

对于低浓度吸收体系,$Y \approx y$,$X \approx x$。

1. 气体通过填料层的压降

压降是塔设计中的重要参数,气体通过填料层压降的大小决定了塔的动力消耗。压降与气液流量有关,不同喷淋量下填料层的压降 Δp 与空塔气速 u 的关系如图2-8-1所示。

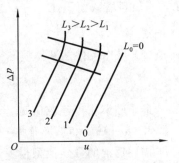

图 2-8-1　填料层的 Δp-u 关系

当无液体喷淋(即喷淋量 $L_0 = 0$)时,干填料的 Δp-u 关系是直线,如图 2-8-1 中的直线 0。当有一定的喷淋量时,Δp-u 的关系变成折线,并存在两个转折点,下转折点称为载点,上转折点称为泛点。这两个转折点将 Δp-u 关系分为三个区段:恒持液量区、载液区与液泛区。

2. 传质性能

吸收系数是决定吸收过程速率的重要参数,而通过实验测定吸收系数是获取吸收系数的根本途径。对于相同的物系及一定的设备(填料类型与尺寸),吸收系数将随着操作条件及气液接触状况的不同而变化。

本实验所用气体混合物中氨的浓度很低(摩尔分数为 0.02),所得吸收液的浓度也不高,可认为气-液平衡关系服从亨利定律,可用方程式 $Y^* = mX$ 表示。又因是常压操作,相平衡常数 m 值仅是温度的函数。

(1) N_{OG}、H_{OG}、$K_y a$、φ_A 可分别依下列公式进行计算:

$$N_{OG} = \frac{Y_1 - Y_2}{\Delta Y_m} \tag{2-8-1}$$

其中

$$\Delta Y_m = \frac{\Delta Y_1 - \Delta Y_2}{\ln \dfrac{\Delta Y_1}{\Delta Y_2}} \tag{2-8-2}$$

$$H_{OG} = \frac{Z}{N_{OG}} \tag{2-8-3}$$

$$K_y a = \frac{V}{H_{OG} \Omega} \tag{2-8-4}$$

$$\varphi_A = \frac{Y_1 - Y_2}{Y_1} \tag{2-8-5}$$

式中:Z——填料层的高度,m;H_{OG}——气相总传质单元高度,m;N_{OG}——气相总传质单元数,无因次;Y_1、Y_2——进、出口气体中溶质组分的物质的量比,$\dfrac{kmol(A)}{kmol(B)}$;ΔY_m——所测填料层两端面上气相推动力的平均值;ΔY_2、ΔY_1——填料层上、下两端面上气相推动力,$\Delta Y_1 = Y_1 - mX_1$,$\Delta Y_2 = Y_2 - mX_2$,X_2、X_1 分别为进、

出口液体中溶质组分的物质的量比,单位为 $\dfrac{\mathrm{kmol(A)}}{\mathrm{kmol(S)}}$;$m$ 为相平衡常数,无因次;K_ya——气相总体积吸收系数,$\mathrm{kmol/(m^3 \cdot h)}$;$V$——空气的摩尔流率,$\mathrm{kmol(B)/h}$;$\Omega$——填料塔截面积,$\Omega = \dfrac{\pi}{4}D^2$,$\mathrm{m^2}$;$\varphi_A$——混合气中氨被吸收的百分率(吸收率),无因次。

(2) 操作条件下液体喷淋密度的计算:

$$\text{喷淋密度 } U = \frac{\text{流体流量}(\mathrm{m^3/h})}{\text{塔截面积}(\mathrm{m^2})} \tag{2-8-6}$$

最小喷淋密度经验值 $U_{\min}$ 为 $0.2\ \mathrm{m^3/(m^2 \cdot h)}$。

3. 填料塔液相返混特性

描述返混的数学模型很多,较简单实用的是一维扩散模型。一维扩散模型的数学表达式为

$$\frac{1}{Pe} \cdot \frac{\partial^2 c}{\partial z^2} - \frac{\partial c}{\partial z} = \frac{\partial c}{\partial \theta} \tag{2-8-7}$$

$$Pe = \frac{UH}{Dax}$$

式中:Pe——彼克列数,描述返混程度的模型参数。

对式(2-8-7)求解。定解条件:实验采用脉冲法加入示踪剂,在流体出口处测定示踪剂浓度,闭式容器,列出如下定解条件。

取 $c = f(z, \theta)$,初始条件为 $c(z, 0) = 0$,边界条件为 $c(0, \theta) = c_1(\theta)$,$c(\infty, \theta) =$ 有限量,用 Laplace 变换解得

$$c(\theta) = \frac{Pe}{2\pi\theta^3} \exp\left[-\frac{Pe}{4\theta}(1 - \theta)^2 \right] \tag{2-8-8}$$

模型参数 Pe 的估计方法有多种,如矩量法、传递函数法、拟合法等。本实验采用矩量法,需用到如下两个定义:

(1) 浓度 $c(t)$ 的一阶原点矩:

$$M_1 = \frac{\displaystyle\int_0^{+\infty} c(t)t\,\mathrm{d}t}{\displaystyle\int_0^{\infty} c(t)\,\mathrm{d}t} = U \tag{2-8-9}$$

(2) 浓度 $c(t)$ 的二阶中心矩:

$$M_2 = \frac{\displaystyle\int_0^{+\infty} c(t)(t - U)\,\mathrm{d}t}{\displaystyle\int_0^{+\infty} c(t)\,\mathrm{d}t}$$

$$= \frac{\displaystyle\int_0^{+\infty} c(t)t^2\,\mathrm{d}t}{\displaystyle\int_0^{+\infty} c(t)\,\mathrm{d}t} - U^2 = \delta^2 \tag{2-8-10}$$

式中:U——数学期望;δ^2——方差或称散度。

由式(2-8-9)和式(2-8-10),可导出如下方程:

$$\frac{\delta^2}{U^2} = \frac{2}{Pe} - 2\left(\frac{1}{Pe}\right)^2(1-\theta^{Pe}) \tag{2-8-11}$$

实验测得 $c(t)$ 与 t 的关系数据,由式(2-8-9)求得 U,由式(2-8-10)求得 δ^2,通过式(2-8-11)求得 Pe 的值。

三、实验装置和流程

实验装置和流程见图 2-8-2。空气由鼓风机 1 送入空气转子流量计 3 计量,空气通过流量计处的温度由温度计 4 测量,空气流量由阀 2 调节。氨气由氨瓶送出,经过氨瓶阀门 8 进入氨转子流量计 9 计量,氨气通过转子流量计处温度用实验时大气温度代替。其流量由阀 10 调节,然后进入空气管道与空气混合后进入吸收塔 7 的底部。水由自来水管经水转子流量计 11,水的流量由阀 12 调节,然后进入塔顶。分析塔顶尾气浓度时靠降低水准瓶 16 的位置,将塔顶尾气吸入吸收瓶 14 和量气管 15。在吸入塔顶尾气之前,事先在吸收瓶 14 内放入 5 mL 已知浓度的硫酸作为吸收尾气中氨之用。

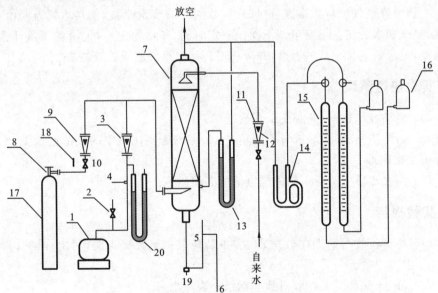

图 2-8-2　填料吸收塔实验装置和流程示意图

1—鼓风机;2—空气流量调节阀;3—空气转子流量计;4—空气温度计;5—液封管;

6—吸收液取样口;7—填料吸收塔;8—氨瓶阀门;9—氨转子流量计;10—氨流量调节阀;

11—水转子流量计;12—水流量调节阀;13,20—U 形管压差计;14—吸收瓶;15—量气管;

16—水准瓶;17—氨瓶;18—氨气温度计;19—吸收液温度计

吸收液的取样可用塔底取样口 6 进行。填料层压降用 U 形管压差计 13 测定。

四、实验操作要点

(1) 测量干填料层 $\Delta p/Z$-u 关系曲线。先全开空气流量调节阀,后启动鼓风机。用流量调节阀调节进塔的空气流量,按空气流量从小到大的顺序读取填料层压降 Δp、转子流量计读数和流量计处空气温度,然后在对数坐标纸上以空塔气速 u 为横坐标,以单位高度的压降 $\Delta p/Z$ 为纵坐标,标绘干填料层 $\Delta p/Z$-u 关系曲线。

(2) 测量某喷淋量下填料层 $\Delta p/Z$-u 关系曲线。水喷淋量为 40 L/h 时,用与上面相同方法读取填料层压降 Δp、转子流量计读数和流量计处空气温度,并注意观察塔内的操作现象。一旦看到液泛现象,就记下对应的空气转子流量计读数。在对数坐标纸上标出液体喷淋量为 40 L/h 下 $\Delta p/Z$-u 关系曲线,确定液泛气速,并与观察的液泛气速相比较。

(3) 传质实验。选择适宜的空气流量和水流量(建议水流量为 30 L/h),根据空气转子流量计读数,保证混合气体中氨组分摩尔分数为 0.02~0.03,计算出氨气流量。

先调节好空气流量和水流量,打开氨瓶阀门调节氨流量,使其达到需要值,在空气、氨气和水的流量不变条件下操作一定时间,基本稳定后,记录各流量计读数和温度,记录塔底排出液的温度,并分析塔顶尾气及塔底吸收液的浓度。

五、实验注意事项

(1) 启动鼓风机前,务必先全开放空阀。

(2) 做传质实验时,水流量不能超过 40 L/h,否则尾气中的氨浓度极低,给尾气分析带来困难。

(3) 两次传质实验所用的进气氨浓度必须相等。

六、实验报告

(1) 将实验数据整理在数据表中,并以其中一组数据为例,写出详细计算过程。

(2) 将 Δp-u 的关系在双对数坐标纸上表示出来。

(3) 对实验结果进行分析、讨论。

七、思考题

(1) 从传质推动力和传质阻力两方面分析吸收剂流量和吸收剂温度对吸收过程的影响。

（2）从实验数据分析水吸收氨气是气膜控制还是液膜控制，还是二者兼而有之。

（3）填料吸收塔塔底为什么必须有液封装置？液封装置是如何设计的？

（4）流体通过干填料与湿填料，压降有什么不同？

（5）提高填料吸收塔气体流量，对 X_1、Y_1 有何影响？

Ⅱ　丙酮-空气系统填料吸收塔实验

本实验以丙酮、空气-水吸收系统为特征物系，对填料吸收塔的操作性能及传质性能进行实验研究。

一、实验目的

（1）了解填料吸收塔的结构和流程，熟悉吸收传质系数的测定方法及实验装置。

（2）了解吸收剂进口条件的变化对吸收操作结果的影响。

（3）掌握吸收总传质系数 $K_y a$ 的测定方法。

二、基本原理

吸收是分离混合气体时利用混合气体中某组分在吸收剂中的溶解度不同而达到分离目的的一种方法。不同的组分在不同的吸收剂、吸收温度、液气比及吸收剂进口浓度下，其吸收速率是不同的。所选用的吸收剂对某组分具有选择性吸收。

1. 吸收总传质系数 $K_y a$ 的测定

吸收传质速率：

$$N_A = K_y a \Delta y_m \qquad (2\text{-}8\text{-}12)$$

式中：K_y——气相总传质系数，$\text{mol}/(\text{m}^2 \cdot \text{h})$。

传质系数：

$$K_y = \frac{G_1 y_1 - G_2 y_2}{\Omega Z \Delta y_m} \qquad (2\text{-}8\text{-}13)$$

$$K_y a = \cfrac{1}{\cfrac{1}{K_y a} + \cfrac{m}{K_x a}} \qquad (2\text{-}8\text{-}14)$$

式中：Δy_m——塔顶、塔底气相平均推动力，即

$$\Delta y_m = \frac{\Delta y_1 - \Delta y_2}{\ln \cfrac{\Delta y_1}{\Delta y_2}} \qquad (2\text{-}8\text{-}15)$$

式中：A——填料的有效接触面积，$A = a\Omega Z$，$\Omega = \dfrac{\pi}{4}D^2$，$\text{m}^2$。

全塔物料衡算：

$$G_1 y_1 - G_2 y_2 = K_y a \Omega Z \Delta y_m \qquad (2\text{-}8\text{-}16)$$

$$平均推动力：\Delta y_{\mathrm{m}} = \frac{\Delta y_1 - \Delta y_2}{\ln \dfrac{\Delta y_1}{\Delta y_2}} = \frac{(y_1 - mx_1) - (y_2 - mx_2)}{\ln \dfrac{y_1 - mx_1}{y_2 - mx_2}} \qquad (2\text{-}8\text{-}17)$$

由文献可知 $\qquad\qquad\qquad K_y a = AG^a, \qquad K_x a = BL^b$

显然 $\qquad\qquad\qquad\qquad\quad K_y a = CG^a L^b$

2. 吸收塔的操作和调节

为实现某一气体混合物分离任务,工业塔设备必须具有足够的塔高(足够高的填料高度或足够多的塔板数)和足够大的塔径。另外,操作应在正常的气液负荷条件下进行,通过对吸收剂进口条件的调节,实现稳态的连续化操作。

对于工业吸收过程,气体进口条件(流量、温度、压力、组成等)通常由前一工序决定。因此,只能通过改变吸收剂的进口条件,即改变吸收剂的进口浓度 x_2、温度 t_2 及流量 L 来实现对吸收操作过程的调节。

吸收剂的进口浓度 x_2、温度 t_2 及流量 L 被称为吸收剂的三要素。

在塔结构、填料类型及吸收剂一定情况下,影响 y_2、$K_y a$、Δy_{m} 的因素主要是操作条件,如图 2-8-3 所示。

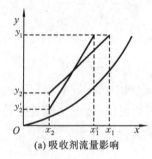
(a) 吸收剂流量影响

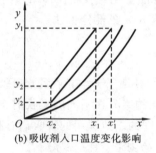
(b) 吸收剂入口温度变化影响

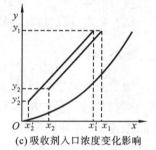
(c) 吸收剂入口浓度变化影响

图 2-8-3　吸收塔调节

(a) G 不变时,L 增大引起 y_2 减小。

若气相阻力控制:$K_x a$ 不变,$K_y a$ 不变,Δy_{m} 增大引起 y_2 减小;

若液相阻力控制:$K_x a$ 变大,$K_y a$ 急剧增大引起 y_2 减小;

若两相阻力联合控制:$K_x a$ 增大,$K_y a$ 增大引起 y_2 减小。

(b) t 减小引起 m 减小,引起 y_2 减小。

若气相阻力控制:$K_y a \approx K_x a$,Δy_{m} 增大引起 y_2 减小;

若液相阻力控制:$K_y a \approx \dfrac{K_x a}{m}$,$K_x a$ 增大引起 y_2 减小;

若两相阻力控制:$K_y a$ 增大引起 y_2 减小。

(c) 吸收剂 x_2 减小引起 Δy_{m} 增大,引起 y_2 减小,$K_y a$ 不变。

应注意:当 $L/G < m$,且塔底平衡时,L 增大引起 y_2 减小;当 $L/G > m$ 且塔顶平衡时,L 增大引起 y_2 不变,x_2 减小引起 y_2 减小。

三、实验装置和流程

该实验装置包括空气输送、丙酮汽化、气体混合、吸收剂供给及气液两相填料塔中逆流接触等部分,其流程如图 2-8-4 所示。

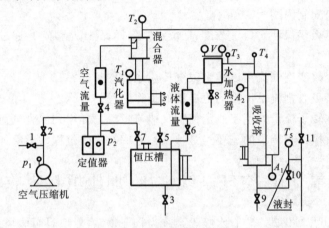

图 2-8-4　实验装置和流程

p_1,p_2—压力计;T_1,T_2,T_3,T_4,T_5—温度计;s—液位计;V—加热电源;

A_1、A_2—气体进、出口取样口;1—空气压缩机旁路阀;

2—空气压力调节阀;3,5,7,8,9,11—启闭阀;4,6,10—流量调节阀

四、实验操作要点

(1) 检查阀门的开关,打开阀 1、5、10、11 和压力定值器阀,关闭阀 8、9。

(2) 接通空气压缩机,当压缩机空气包内的气体压力达到 0.05~0.1 MPa 时,调节阀 1 和阀 2,使空气包内的气压稳定,然后调节气体压力定值器,使输出气体的压力恒定在 0.02 MPa,同时打开阀 4 和阀 7、6,关闭阀 5,调节空气流量为 400 L/h,调节水流量为 2 L/h。

(3) 开启电加热器将丙酮加热至沸(开始调节器调至 600 W 左右,接近沸腾(T_1=56 ℃)时,降至 200 W 左右),进入混合器。

(4) 待汽化器温度 T_1 和混合器温度 T_2 稳定 10 min 后取样分析。

(5) 改变吸收剂流量为 6 L/h,稳定 10 min 后取样分析。

(6) 吸收剂流量为 6 L/h,改变吸收剂温度,稳定 10 min 后取样分析。

(7) 实验完毕,关闭水预热器电源和丙酮汽化器电源,待 T_2、T_3 降至室温后,关闭空气压缩机。

五、实验报告

(1) 数据采集完后用计算机进行处理。

（2）取一组数据作为示例计算，计算出 Δy_{m}、η、$K_y a$。

（3）对实验结果进行讨论和分析。

六、思考题

（1）如何配制丙酮-空气混合气？

（2）为什么要保证入口气浓度 y_1 恒定？怎样保证 y_1 恒定？通过什么衡量 y_1 是否恒定？

（3）可否改变空气流量以达到改变传质系数的目的？

（4）维持吸收剂流量恒定的恒压槽的工作原理是什么？

（5）气体转子流量计用于测定何种气体流量？怎样得到混合气流量？

（6）吸收操作与调节的三要素是什么？它们对吸收过程的影响如何？

Ⅲ 二氧化碳-空气系统常压、加压填料吸收塔实验

本实验以二氧化碳、空气-水吸收系统为特征物系，对填料吸收塔的常压、加压操作性能及传质性能进行实验研究。

一、实验目的

（1）了解填料塔吸收装置的基本结构及流程。

（2）掌握总体积传质系数的测定方法。

（3）测定填料塔的流体力学性能。

（4）了解气体空塔速度和液体喷淋密度对总体积传质系数的影响。

（5）掌握气相色谱仪和六通阀在线检测二氧化碳浓度的方法。

二、基本原理

同"Ⅱ 丙酮-空气系统填料吸收塔实验"。

三、实验装置和流程

1. 装置和流程

本实验装置和流程如图 2-8-5 所示。水经高压泵加压后再经转子流量计送入填料塔塔顶，经喷淋头喷淋在填料顶层。由压缩机输送来的空气(经压力定值调节阀调节压力至 0.2 MPa)和由钢瓶输送来的二氧化碳气体混合后，一起进入气体混合缓冲罐混合，然后经转子流量计计量后进入塔底，与水在塔内逆流接触，进行物质和热量的交换。由塔顶出来的尾气经放空阀 5 调节开度，使吸收操作压力稳定在 0～0.2 MPa，以实现加压、常压吸收操作。由于本实验为低浓度气体的吸收，所

以热量交换可忽略,整个实验过程可视为等温吸收过程。

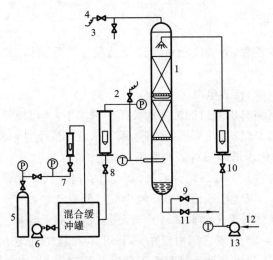

图 2-8-5　加压吸收装置和流程

1—填料吸收塔;2—原料气取样口;3—阀 4;4—尾气取样口;5—CO₂钢瓶;

6—压缩机阀;7—阀 3;8—阀 2;9—阀 5;10—阀 1;11—阀 6;12—自来水;13—高压泵

2. 主要设备

(1) 吸收塔:高效填料塔,塔径 100 mm,塔内装有金属丝网板波纹规整填料,填料层总高度为 1 800 mm。塔顶有液体初始分布器,塔中部有液体再分布器,塔底部有栅板式填料支承装置。填料塔底部有液封装置,以避免气体泄漏。

(2) 填料:金属丝网板波纹填料,型号 JWB-700Y,尺寸为 $\phi100$ mm×50 mm,比表面积为 700 m²/m³。

(3) 转子流量计。

(4) 压缩机:Z-0.25/7 型。

(5) 高压泵:格兰富 CRS-13 型。

(6) CO₂钢瓶。

(7) 气相色谱仪:SP6801 型(其性能参数见表 2-8-1)。

表 2-8-1　SP6801 型气相色谱仪性能参数

介　　质	条　　件		
	流量范围	最小刻度	标定介质
空气	1.6～16 m³/h	0.1 m³/h	空气
CO₂	16～160 L/h	10 L/h	空气
水	100～1 000 L/h	20 L/h	水

（8）色谱工作站：浙大 NE2000。

四、实验操作要点

（1）熟悉实验流程，弄清气相色谱仪及其配套仪器结构、原理、使用方法及注意事项。

（2）打开总电源、仪表电源。

（3）在确认压缩机出气口的旋塞阀关闭的情况下，开启压缩机电源。

（4）开启进水总阀，打开高压泵电源，调节水转子流量计前阀 1 使水的流量达到 400 L/h 左右，让水进入填料塔润湿填料。

（5）塔底液封控制。仔细调节塔底阀 5、6 的开度（阀 6 粗调，阀 5 微调），使塔底保持适宜的液位，以免塔底液封过高溢出或过低泄气。

（6）在确认气体管路上的阀 2、4 全开的情况下，打开压缩机出气口的旋塞阀（注意开度为 1/3），然后调节压力定值调节阀 5，将压力稳定在 0.1 MPa 或 0.2 MPa（此时尾气阀 4 要配合调节），最大不超过 0.2 MPa。

（7）打开 CO_2 钢瓶总阀，并缓慢调节钢瓶的减压阀（注意减压阀的开关方向与普通阀门的开关方向相反，顺时针为开，逆时针为关），使其压力稳定在稍大于 0.2 MPa 为宜。

（8）仔细调节空气流量阀 2，使空气流量稳定在 4 m^3/h，并调节 CO_2 转子流量计的读数，使其稳定在 120 L/h 左右。

（9）仔细调节尾气放空阀 4 的开度，直至塔中压力稳定在实验值。

（10）待塔操作稳定后，读取各流量计的读数及通过温度数显表、压力计读取各温度、压力值，通过六通阀在线进样，利用气相色谱仪分析出塔顶、塔底气相组成。

（11）增大水流量至 600 L/h、800 L/h，重复步骤（5）、（7）、（8）、（9）、（10）。

（12）实验完毕，关闭 CO_2 钢瓶总阀，再关闭压缩机、高压泵电源，关闭仪表电源，关闭总水阀，清理实验仪器和实验场地。

五、实验注意事项

（1）加压吸收的压力以不大于 0.3 MPa 为宜。

（2）固定好操作点后，应随时调整以保持各量不变。

（3）在填料塔操作条件改变后，需要有一段稳定时间，一定要等到稳定以后方能读取有关数据。

（4）吸收取样时尾气放空阀 4 不能全开，否则尾气取样可能失败。

（5）六通阀阀杆置于取样位置或置于放空位置，不能置于中间，否则会导致色谱钨丝烧坏的严重事故。

六、实验报告

（1）将原始数据列表。
（2）列出实验结果与计算示例。

七、思考题

（1）试讨论加压吸收流程和常压吸收流程的异同点。
（2）试讨论加压吸收操作和常压吸收操作的不同点。

实验九　干燥实验

　　本实验包括洞道干燥实验和流化床干燥实验,可分别进行干燥曲线和干燥速率曲线的测定、物料含水量的测定、恒速干燥阶段物料与空气之间对流传热系数的测定、流化床床层压降的测定及物料含水量和床层温度随时间的变化关系测定,以及计算机数据在线采集及自动控制等内容。根据实际教学需要,可选择部分或全部实验内容进行综合性和设计性实验。

I　洞道干燥实验

一、实验目的

　　（1）掌握干燥曲线和干燥速率曲线的测定方法。
　　（2）学习物料含水量的测定方法。
　　（3）加深对物料临界含水量 X_c 的概念及其影响因素的理解。
　　（4）学习恒速干燥阶段物料与空气之间对流传热系数的测定方法。

二、基本原理

　　当湿物料与干燥介质相接触时,物料表面的水分开始汽化,并向周围介质传递。根据干燥过程中不同期间的特点,干燥过程可分为两个阶段。
　　第一个阶段为恒速干燥阶段。在过程开始时,由于整个物料的湿含量较大,其内部的水分能迅速地到达物料表面。因此,干燥速率为物料表面上水分的汽化速率所控制,故此阶段也称为表面汽化控制阶段。在此阶段,干燥介质传给物料的热量全部用于水分的汽化,物料表面的温度维持恒定(等于热空气湿球温度),物料表面处的水蒸气分压也维持恒定,故干燥速率恒定不变。
　　第二个阶段为降速干燥阶段。当物料被干燥达到临界湿含量后,便进入降速干燥阶段。此时,物料中所含水分较少,水分自物料内部向表面传递的速率低于物料表面水分的汽化速率,干燥速率为水分在物料内部的传递速率所控制。故此阶段也称为内部迁移控制阶段。随着物料湿含量逐渐减少,物料内部水分的迁移速率也逐渐减少,故干燥速率不断下降。

恒速段的干燥速率和临界含水量的影响因素主要有:固体物料的种类和性质;固体物料层的厚度或颗粒大小;空气的温度、湿度和流速;空气与固体物料间的相对运动方式。

恒速段的干燥速率和临界含水量是干燥过程研究和干燥器设计的重要数据。本实验在恒定干燥条件下对帆布物料进行干燥,测定干燥曲线和干燥速率曲线,目的是掌握恒速段干燥速率和临界含水量的测定方法及其影响因素。

1. 干燥速率的测定

$$U = \frac{\mathrm{d}W'}{S\mathrm{d}\tau} \approx \frac{\Delta W'}{S\Delta\tau} \tag{2-9-1}$$

式中:U——干燥速率,$kg/(m^2 \cdot h)$;S——干燥面积(实验室现场提供),m^2;$\Delta\tau$——时间间隔,h;$\Delta W'$——$\Delta\tau$ 内干燥汽化的水分量,kg。

2. 物料干基含水量的测定

$$X = \frac{G' - G'_c}{G'_c} \tag{2-9-2}$$

式中:X——物料干基含水量,$kg(水)/kg(绝干物料)$;G'——固体湿物料的量,kg;G'_c——绝干物料量,kg。

3. 恒速干燥阶段,物料表面与空气之间对流传热系数的测定

$$U_c = \frac{\mathrm{d}W'}{S\mathrm{d}\tau} = \frac{\mathrm{d}Q'}{r_{t_w}S\mathrm{d}\tau} = \frac{\alpha(t - t_w)}{r_{t_w}} \tag{2-9-3}$$

$$\alpha = \frac{U_c r_{t_w}}{t - t_w} \tag{2-9-4}$$

式中:α——恒速干燥阶段物料表面与空气之间的对流传热系数,$W/(m^2 \cdot ℃)$;U_c——恒速干燥阶段的干燥速率,$kg/(m^2 \cdot s)$;t_w——干燥器内空气的湿球温度,$℃$;t——干燥器内空气的干球温度,$℃$;r_{t_w}——t_w 下水的汽化热,J/kg。

4. 干燥器内空气实际体积流量的计算

由节流式流量计的流量公式和理想气体的状态方程式可推导出

$$Q_t = Q_{t_0} \times \frac{273 + t}{273 + t_0} \tag{2-9-5}$$

式中:Q_t——干燥器内空气实际流量,m^3/s;t_0——流量计处空气的温度,$℃$;Q_{t_0}——常压下 t_0 时空气的流量,m^3/s;t——干燥器内空气的温度,$℃$。

$$Q_{t_0} = C_0 A_0 \sqrt{\frac{2 \times \Delta p}{\rho}} \tag{2-9-6}$$

$$A_0 = \frac{\pi}{4} d_0^2 \qquad\qquad (2\text{-}9\text{-}7)$$

式中：C_0——流量计流量系数，$C_0 = 0.67$；A_0——节流孔开孔面积，m^2；d_0——节流孔开孔直径，$d_0 = 0.050\ m$；Δp——节流孔上、下游两侧压差，Pa；ρ——t_0 时孔板流量计处空气的密度，kg/m^3。

三、实验装置和流程

实验装置和流程如图 2-9-1 所示。

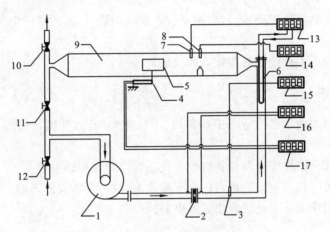

图 2-9-1　洞道干燥实验装置和流程

1—离心风机；2—孔板流量计；3,15—孔板流量计处温度计及显示仪；4,17—质量传感器及显示仪；
5—干燥物料(帆布)；6—电加热器；7—干球温度计及显示仪；8,14—湿球温度计及显示仪；
9—洞道干燥室；10—废气排出阀；11—废气循环阀；12—新鲜空气进气阀；
13—电加热控制仪表；16—孔板流量计差压变送器和显示仪

四、实验操作要点

(1) 将干燥物料(帆布)放入水中浸湿。

(2) 调节送风机吸入口的蝶阀到全开的位置后启动风机。

(3) 用废气排出阀和废气循环阀调节流量到指定值后，开启加热电源。在智能仪表中设定干球温度，仪表自动调节到指定的温度。

(4) 在空气温度、流量稳定的条件下，用质量传感器测定支架的质量并记录下来。

(5) 把充分浸湿的干燥物料(帆布)固定在质量传感器上并与气流平行放置。

(6) 在稳定的条件下，记录每干燥 2 min 干燥物料减小的质量，直至干燥物料的质量不再明显减小为止。

(7) 改变空气流量或温度，重复上述实验。

（8）关闭加热电源,待干球温度降至常温后关闭风机电源和总电源。

（9）实验完毕,一切复原。

五、实验注意事项

（1）质量传感器的量程为 $0\sim200$ g,精度较高。在放置干燥物料时务必轻拿轻放,以免损坏仪表。

（2）干燥器内必须有空气流过才能开启加热器,以防止干烧损坏加热器,出现事故。

（3）干燥物料要充分浸湿,但不能有水滴自由滴下,否则将影响实验数据的正确性。

（4）实验中不要改变智能仪表的设置。

六、实验报告

（1）根据实验结果绘制出干燥曲线、干燥速率曲线,并得出恒定干燥速率、临界含水量、平衡含水量。

（2）计算出恒速干燥阶段物料与空气之间的对流传热系数。

（3）分析空气流量或温度对恒定干燥速率、临界含水量的影响。

（4）利用误差分析法估算出 α 的误差。

七、思考题

（1）在 $70\sim80$ ℃的空气流中干燥相当长时间,能否得到绝干物料?

（2）测定干燥速率曲线的意义何在?

（3）有一些物料在热气流中干燥,希望热气流相对湿度要小,而有一些物料要在相对湿度较大的热气流中干燥,为什么?

（4）影响干燥速率的因素有哪些?

（5）为什么在操作中要先开鼓风机送气,再通电加热?

（6）实验过程中,干球湿度、湿球湿度是否变化? 为什么?

Ⅱ　流化床干燥实验

一、实验目的

（1）了解流化床干燥器的基本工作流程及操作方法。

（2）掌握流化床流化曲线的测定方法,绘制流化床床层压降与气速的关系曲线。

（3）绘制物料含水量及床层温度随时间变化的关系曲线。

（4）掌握物料干燥速率曲线的测定方法，绘制干燥速率曲线，并确定临界含水量 X_0、恒速阶段的传质系数 K_H 及降速阶段的比例系数 K_X。

二、基本原理

1. 流化曲线

在实验中，可以通过测量不同空气流量下的床层压降，得到流化床床层压降与气速的关系曲线（图 2-9-2）。

当气速较小时，操作过程处于固定床阶段（即 AB 段），床层基本静止不动，气体只能从床层空隙中流过，压降与流速成正比，斜率约为1（在双对数坐标系中）。当气速逐渐增加（进入 BC 段），床层开始膨胀，空隙率增大，压降与气速的关系将不再成比例。

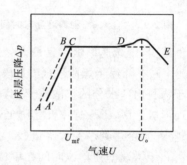

图 2-9-2　流化曲线

当气速继续增大，进入流化阶段（即 CD 段），固体颗粒随气体流动而悬浮运动。随着气速的增加，床层的高度逐渐增加，但床层压降基本保持不变，等于单位面积的床层净重。当气速增大至某一值后（D 点），床层压降将减小，颗粒逐渐被气体带走，此时便进入了气流输送阶段。D 点处的流速称为带出速度（U_0）。

在流化状态下降低气速，压降与气速的关系曲线将沿图 2-9-2 中的 DC 线返回至 C 点。若气速继续降低，曲线将无法按 CBA 继续变化，而是沿 CA' 变化。C 点处的流速称为起始流化速度（U_{mf}）。

在生产操作中，气速应介于起始流化速度与带出速度之间，此时床层压降保持恒定，这是流化床的重要特点。据此，可以通过测定床层压降来判断床层流化的优劣。

2. 干燥特性曲线

将湿物料置于一定的干燥条件下，测定被干燥物料的质量和温度随时间变化的关系，可得到物料含水量（X）与时间（τ）的关系曲线及物料温度（θ）与时间（τ）的关系曲线（如图 2-9-3 所示）。物料含水量与时间关系曲线的斜率即为干燥速率（u）。将干燥速率对物料含水量作图，即为干燥速率曲线（如图 2-9-4 所示）。干燥过程可分为三个阶段。

（1）物料预热阶段（AB 段）。在开始干燥时，有一较短的预热阶段，空气中部分热量用来加热物料，物料含水量随时间变化不大。

（2）恒速干燥阶段（BC 段）。由于物料表面存在自由水分，物料表面温度等于空气的湿球温度，传入的热量只用来蒸发物料表面的水分，物料含水量随时间成比

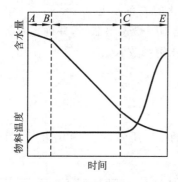

图 2-9-3　含水量、物料温度与时间的关系

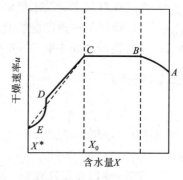

图 2-9-4　干燥速率曲线

例减少,干燥速率恒定且最大。

（3）降速干燥阶段（CDE 段）。物料中含水量减少到某一临界含水量（X_0）,由于物料内部水分的扩散慢于物料表面水分的蒸发,不足以维持物料表面保持湿润而形成干区,干燥速率开始降低,物料温度逐渐上升。物料含水量越小,干燥速率越慢,直至达到平衡含水量（X^*）而终止。

干燥速率为单位时间在单位面积上汽化的水分量,用微分式表示为

$$u = \frac{\mathrm{d}W}{A\,\mathrm{d}\tau} \tag{2-9-8}$$

式中:u——干燥速率,kg(水)/(m^2 · s);A——干燥表面积,m^2;dτ——相应的干燥时间,s;dW——汽化的水分量,kg。

图 2-9-4 中的横坐标 X 为对应于某干燥速率下的物料的平均含水量。

$$X = \frac{X_i + X_{i+1}}{2} \tag{2-9-9}$$

式中:X——某一干燥速率下湿物料的平均含水量;X_i、X_{i+1}——$\Delta\tau$ 内开始和终了时的含水量,kg(水)/kg(绝干物料)。

$$X_i = \frac{G_{si} - G_{ci}}{G_{ci}} \tag{2-9-10}$$

式中:G_{si}——第 i 时刻取出的湿物料的质量,kg;G_{ci}——第 i 时刻取出的物料的绝干质量,kg。

干燥速率曲线只能通过实验测定,因为干燥速率不仅取决于空气的性质和操作条件,而且受物料性质结构及含水分性质的影响。本实验装置为间歇操作的沸腾床干燥器,可测定欲达到一定干燥要求所需的时间,为工业上连续操作的流化床干燥器提供相应的设计参数。

3. 传质系数的求取

1）恒速干燥阶段

恒速干燥阶段的干燥速率 u 仅由外部干燥条件决定,物料表面温度近于空气

湿球温度 t_w。在恒定的干燥条件下,物料表面与空气之间的传热和传质速率分别用下式表示:

$$\frac{dQ}{A d\tau} = \alpha(t - t_w) \qquad (2-9-11)$$

$$\frac{dm_{H_2O}}{A d\tau} = K_H(H_w - H) \qquad (2-9-12)$$

式中:Q——空气传给物料的热量,kJ;τ——干燥时间,s;A——干燥面积,m^2;α——空气至物料表面的传热系数,t——空气温度,K;t_w——湿物料表面温度(即空气的湿球温度),K;m_{H_2O}——由物料汽化至空气的水分量,kg;K_H——以湿度差 ΔH 为推动力的传质系数,$kg/(m^2 \cdot s)$;H——空气的湿度,kg(水)/kg(干气)。

2) 降速干燥阶段

降速干燥阶段中干燥速率曲线的形状随物料内部结构以及所含水分性质不同而不同,因而干燥曲线只能通过实验得到,降速干燥阶段干燥时间的计算可以根据速率曲线数据求得,当降速干燥阶段的干燥速率近似看做与物料的自由水量 $X - X^*$ 成正比时,干燥速率曲线简化为直线。

$$U = K_X(X - X^*) \qquad (2-9-13)$$

$$K_X = U/(X - X^*) \qquad (2-9-14)$$

式中:K_X——以含水量差 ΔX 为推动力的比例系数,$kg/(m^2 \cdot s)$;U——物料含水量为 X 时的干燥速率,$kg/(m^2 \cdot s)$;X——在 τ 时的物料含水量,kg/kg(干料);X^*——物料的平衡含水量。

X_c 对于干燥装置的设计十分重要,不仅对于计算干燥速率、干燥时间以及干燥器的尺寸必不可少,而且由于影响各阶段干燥速率的因素不同,因而确定 X_c 值对于强化具体干燥过程也具有重要的意义。

三、实验装置和流程

图 2-9-5 为流化床干燥实验装置和流程示意图。

四、实验操作要点

(1) 流化床实验。加入固体物料至玻璃段底部,调节空气流量,测定不同空气流量下的床层压降。

(2) 干燥实验。实验开始前:①将电子天平开启,使之处于待用状态,将快速水分测定仪开启,使之处于待用状态;②准备一定量的待干燥物料,备用。

(3) 床身预热阶段。启动风机及加热器,将空气控制在某一流量下(孔板流量计的压差为一定值,3 kPa 左右),控制加热器表面温度(80~100 ℃)或空气温度

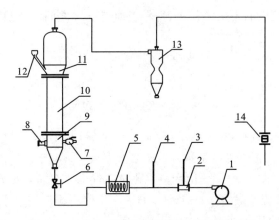

图 2-9-5　流化床干燥实验装置和流程示意图

1—风机；2—湿球温度水筒；3—湿球温度计；4—干球温度计；5—空气加热器；
6—空气流量调节阀；7—放净口；8—取样口；9—不锈钢筒体；10—玻璃筒体；
11—气固分离段；12—加料口；13—旋风分离器；14—孔板流量计($d_0 = 20$ mm)

(50～70 ℃)使之稳定，打开进料口，将待干燥物料徐徐倒入，关闭进料口。

(4) 测定干燥速率曲线。取样：用取样管(推入或拉出)取样，每隔 2～3 min 一次，取出的样品放入小器皿中，并记上编号和取样时间，待分析用。共做 8～10 组数据，做完后，关闭加热器和风机的电源。

记录数据：在每次取样的同时，要记录床层温度，空气干球、湿球温度，流量和床层压降等。

五、实验报告

(1) 在双对数坐标纸上绘出流化床的 Δp-u 图。

(2) 绘出干燥速率与物料含水量关系图，并注明干燥操作条件。

(3) 根据实验结果绘出干燥曲线及干燥速率曲线。

(4) 确定平衡含水量 X_0，并根据实验结果计算恒速干燥阶段的传质系数 K_H。

(5) 参考其他组实验结果，说明气流温度及速度不同时干燥速率及临界含水量的变化情况。

六、思考题

(1) 本实验所得的流化床压降与气速关系曲线有何特征？

(2) 流化床操作中，存在腾涌和沟流两种不正常现象，如何利用床层压降对其进行判断？怎样避免它们的发生？

(3) 为什么同一湿度的空气，温度较高有利于干燥操作的进行？

(4) 本装置在加热器入口处装有干球、湿球温度计，假设干燥过程为绝热增湿过程,如何求得干燥器内空气的平均湿度 H?

（5）怎样确定流化床层颗粒已处于良好的流化状态?

（6）影响本实验"恒定干燥条件"的因素有哪些?

实验十 液-液萃取实验

一、实验目的

（1）了解液-液萃取设备的结构和特点。

（2）掌握液-液萃取塔的操作。

（3）掌握传质单元高度及体积总传质系数的测定方法,并分析外加能量对液-液萃取塔传质单元高度和通量的影响。

二、基本原理

萃取是利用原料液中各组分在两个液相中的溶解度不同而使原料液混合物得以分离的方法。将一定量萃取剂加入原料液中,然后加以搅拌使原料液与萃取剂充分混合,溶质通过相界面由原料液向萃取剂中扩散,所以萃取操作与精馏、吸收等过程一样,也属于两相间的传质过程。与精馏、吸收过程类似,由于过程的复杂性,萃取过程也被分解为理论级和级效率,或传质单元数和传质单元高度来描述。对于转盘塔、振动塔这类微分接触的萃取塔,一般采用传质单元数和传质单元高度来处理。传质单元数表示过程分离难易的程度。本实验萃取物系为以水萃取煤油中的苯甲酸,以煤油为分散相,水为连续相,进行萃取过程的操作;测定不同流量下的萃取效率(传质单元高度);测定不同转速下的萃取效率(传质单元高度)。

对于稀溶液,传质单元数 N_{OE} 可近似用下式表示:

$$N_{OE} = \int_{Y_{Et}}^{Y_{Eb}} \frac{dY_E}{Y_E^* - Y_E} \tag{2-10-1}$$

式中:Y_{Et}——苯甲酸进入塔顶萃取相中的质量比组成,kg(苯甲酸)/kg(水),本实验中 $Y_{Et}=0$;Y_{Eb}——苯甲酸在离开塔底萃取相中的质量比组成,kg(苯甲酸)/kg(水);Y_E——苯甲酸在塔内某一高度处萃取相中的质量比组成,kg(苯甲酸)/kg(水);Y_E^*——与苯甲酸在塔内某一高度处萃余相组成 X_R 成平衡的萃取相中的质量比组成,kg(苯甲酸)/kg(水)。

传质单元高度表示设备传质性能的好坏,可由下式表示:

$$H_{OE} = \frac{H}{N_{OE}} \tag{2-10-2}$$

式中:H_{OE}——以萃取相为基准的传质单元高度,m;H——萃取塔的有效接触高度,m。

$$K_{YE}a = \frac{S}{H_{OE}A} \tag{2-10-3}$$

式中:$K_{YE}a$——以萃取相为基准的体积总传质系数,kg(苯甲酸)/[m³·h·kg(苯甲酸)/kg(水)];S——萃取相中纯溶剂的流量,kg(水)/h;A——塔的截面积,m²。

已知塔高度 H 和传质单元数 N_{OE},可由上式求得 H_{OE} 的数值。H_{OE} 反映萃取设备传质性能的好坏,H_{OE} 越大,设备效率越低。影响萃取设备传质性能 H_{OE} 的因素很多,主要有设备结构因素、两相物质性因素、操作因素以及外加能量的形式和大小。

液-液传质设备引入外界能量促进液体分散,改善两相流动条件,这些均有利于传质,从而提高萃取效率,降低萃取过程的传质单元高度。但应该注意,过度的外加能量将大大增加设备内的轴向混合,减小过程的推动力。此外,过度分散的液滴内内循环将消失。这些均是外加能量带来的不利因素。权衡利弊两方面的因素,外界能量应适度,对于某一具体萃取过程,一般应通过实验寻找合适的能量输入量。

三、实验装置和流程

实验装置如图 2-10-1 所示,萃取塔可以是转盘塔或振动塔。

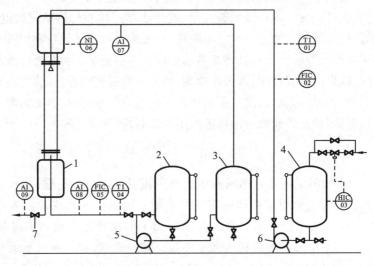

图 2-10-1　萃取塔流程

1—萃取塔;2—轻相料液罐;3—轻相采出罐;4—水相储罐;5—轻相泵;6—水泵;7—水相采出阀

本实验以水为萃取剂,从煤油中萃取苯甲酸。煤油相为分散相,从塔底进,向上流动,从塔顶出。水为连续相,从塔顶入,向下流动,至塔底经水相采出阀排出。

水相和油相中的苯甲酸的浓度由滴定的方法确定。由于水与煤油是完全不互溶的,而且苯甲酸在两相中的浓度都非常低,可以近似认为萃取过程中两相的体积流量保持恒定。

四、实验操作要点

(1) 在水相储罐中注入适量的水,在轻相料液罐中放入一定浓度(如 0.002 kg(苯甲酸)/kg(煤油))的煤油溶液。

(2) 全开水转子流量计,将连续相水送入塔内,当塔内液面升至重相入口和轻相出口中点附近时,将水流量调至某一指定值(如 4 L/h),并缓慢调节水相采出阀开度使液面保持稳定。

(3) 将调速装置的旋钮调至零位,然后缓慢调节转速或振动频率至设定值。

(4) 将油相流量调至设定值(如 6 L/h)送入塔内,注意及时调整罐液面,使其保持在重相出口和轻相入口中点附近。

(5) 操作稳定半小时后,用锥形瓶收集油相进出口样品各 40 mL 左右,水相出口样品 50 mL 左右并分析浓度。用移液管分别取煤油溶液 10 mL、水溶液 25 mL,以酚酞为指示剂,用 0.01 mol/L 的 NaOH 标准溶液滴定样品中苯甲酸的含量。滴定时,需加入数滴非离子型表面活性剂的稀溶液并激烈摇动直至滴定终点。

(6) 取样后,可改变两相流量、转盘转速或振动频率,进行下一个实验点的测定。

(7) 实验完毕后,关闭两相流量计。将调速器调至零位。切断电源。滴定分析过的煤油应集中存放回收。

五、实验注意事项

(1) 在操作过程中,要绝对避免塔顶的两相界面在轻相出口以上。因为这样会导致水相混入轻相采出槽。

(2) 由于分散相和连续相在塔顶、塔底滞留很大,改变操作条件后,稳定时间一定要足够长(大约要用半小时),否则误差极大。

(3) 煤油的实际体积流量并不等于流量计的读数。需用煤油的实际流量数值时,必须用流量修正公式对流量计的读数进行修正后方可使用。

六、实验报告

(1) 数据列表,并以一组数据为例,写出详细的计算过程。

(2) 作出不同转速或振动频率下的萃取效率(传质单元高度)图。

(3) 对实验结果进行讨论分析。

七、思考题

(1) 液-液萃取设备与气-液传质设备主要有何区别？

(2) 本实验为什么不宜用水作为分散相？倘若用水作为分散相,操作步骤是怎样的？两相分层分离段应设在塔顶还是塔底？

(3) 重相出口为什么采用 π 形管？π 形管的高度是怎么确定的？

(4) 对液-液萃取过程来说,是否外加能量越大越有利？

(5) 什么是萃取塔的液泛？在操作中,你是怎么确定液泛速度的？

实验十一　二元气液相平衡数据测定实验

为能提供最优操作条件,减少能耗和降低成本,在进行精馏、吸收过程的工艺设计和设备设计时,往往需要较为准确的气液相平衡数据,由此可知气液相平衡数据对于化学工业过程设计具有十分重要的意义,而这些数据都需要通过实验测定来满足工程计算的需要。

一、实验目的

(1) 掌握二元物系气液相平衡数据测量方法。

(2) 通过实验,熟练掌握二元气液相平衡实验设备的使用方法。

(3) 以乙醇-正丙醇混合液为物系,测定气液平衡 t-x-y 和 x-y 关系曲线。

二、实验装置和流程

实验装置如图 2-11-1 所示,主要设备为气液平衡釜。物系为乙醇-正丙醇,分

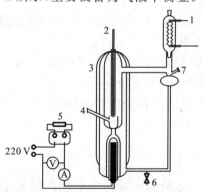

图 2-11-1　气液相平衡实验装置和流程示意图
1—冷却水；2—温度计；3—气液平衡釜；4—液相取样口；
5—电位器；6—放液口；7—气相取样口

析纯。乙醇沸点为 78.3 ℃,正丙醇沸点为 97.2 ℃。折光指数与溶液浓度的关系见表 2-11-1。

表 2-11-1　温度-折光指数-液相组成之间的关系

折光指数温度＼液相组成	0	0.050 52	0.099 85	0.197 4	0.295 0	0.397 7	0.497 0	0.599 0
25 ℃	1.382 7	1.381 5	1.379 7	1.377 0	1.375 0	1.373 0	1.370 5	1.368 0
30 ℃	1.380 9	1.379 6	1.378 4	1.375 9	1.375 5	1.371 2	1.369 0	1.366 8
35 ℃	1.379 0	1.377 5	1.376 2	1.374 0	1.371 9	1.369 2	1.367 0	1.365 0

折光指数温度＼液相组成	0.644 5	0.710 1	0.798 3	0.844 2	0.906 4	0.950 9	1.000
25 ℃	1.367 0	1.365 8	1.364 0	1.362 8	1.361 8	1.360 6	1.358 9
30 ℃	1.365 7	1.364 0	1.362 0	1.360 7	1.359 3	1.358 4	1.357 4
35 ℃	1.363 4	1.362 0	1.360 0	1.359 0	1.357 3	1.365 3	1.355 1

对 30 ℃下质量分数与阿贝折光仪读数之间关系也可按下列回归式计算:

$$W = 58.844\ 116 - 42.613\ 25 \times n_D$$

式中:W——乙醇的质量分数;n_D——折光仪读数(折光指数)。

由质量分数求摩尔分数的公式如下:

$$X_A = \frac{\dfrac{W_A}{M_A}}{\dfrac{W_A}{M_A} + \dfrac{1 - W_A}{M_B}}$$

式中:X_A——摩尔分数;W_A——质量分数;M_A——乙醇相对分子质量,$M_A = 46$;M_B——正丙醇相对分子质量,$M_B = 60$。

三、实验操作要点

(1) 将与阿贝折光仪配套的超级恒温水浴调整运行到所需的温度,并记下这个温度(一般取 25 ℃或 30 ℃)。

(2) 测温管内倒入甘油,将标准温度计插入套管中。

(3) 配制一定浓度(体积分数 10%左右)的乙醇-正丙醇混合液(50 mL),倒入气液平衡釜中。

(4) 打开冷凝器冷却水,接通电源调节电位器缓慢加热,冷凝回流液控制在每秒 2～3 滴,稳定回流 20 min,建立平衡状态。

（5）达到平衡时停止加热,用微量注射器分别取两相样品,用阿贝折光仪分析其组成。

（6）从釜中取出 6 mL 液体后,再补充 6 mL 乙醇溶液,重新建立平衡。

（7）实验测 12～14 组数据。所加溶液视上一次的平衡温度而定,以免实验数据点分布不均。检查数据合理后,停止加料并将加热电压调为零。停止加热后 10 min,关闭冷却水,一切复原。

四、实验注意事项

（1）由于实验所用物系是易燃物品,因此实验过程中要特别注意安全。操作过程中(特别是在加料过程中)要避免洒落而发生危险并影响数据测量的稳定性。

（2）本实验设备加热功率由电位器来调节,故在加热时千万别升温过快,以免发生爆沸(过冷沸腾),使液体从平衡釜冲出。若遇此现象应立即断电。

（3）开车时先开冷却水,再向平衡釜供热;停车时则反之。

（4）用阿贝折光仪测浓度读取折光指数时,一定要同时记录其测量温度,并按给定的温度-折光指数-液相组成关系(表 2-11-1)测定有关数据。实验数据记录于表 2-11-2 中。

表 2-11-2　实验数据表

序　　号	1	2	3	...	14
平衡温度/℃					
液相折光指数					
气相折光指数					
液相质量分数					
气相质量分数					
液相摩尔分数					
气相摩尔分数					

五、实验原始记录及数据整理表

根据以上实验数据,就可绘制 t-x-y 和 x-y 关系曲线。

六、思考题

（1）在气液相达到平衡时,其沸点随外压的改变是如何变化的？

（2）在连续测定法实验中,样品的加入量应十分精确吗？为什么？

（3）试分析哪些因素是本实验主要的误差来源。

第三部分　演示性实验

实验一　伯努利方程实验

一、实验目的

（1）熟悉流动流体中各种能量和压头的概念。

（2）通过实测静止和流动的流体中各项压头及其相互转换关系,验证流体静力学原理和伯努利方程。

（3）观察流速、各项压头变化的规律。

（4）通过实测流速的变化和与之相应的压头损失的变化,确定两者之间的关系。

二、基本原理

对于不可压缩流体,在导管内作定常流动,系统与环境又无功的交换时,若以单位质量流体为衡算基准,由于导管截面上的流速不同,而引起相应静压头变化,其关系可由流动过程中能量恒算方程来描述,即

$$gZ_1 + \frac{p_1}{\rho} + \frac{1}{2}u_1^2 = gZ_2 + \frac{p_2}{\rho} + \frac{1}{2}u_2^2 + \sum H_f \qquad (3\text{-}1\text{-}1)$$

式中:gZ_i——单位质量流体具有的位能,J/kg;$\frac{u_i^2}{2}$——单位质量流体具有的动能,J/kg;$\frac{p_i}{\rho}$——单位质量流体具有的静压能,J/kg;$\sum H_f$——单位质量流体在流动过程中的摩擦损失,J/kg。$i=1,2$。

若以单位重量流体为衡算基准时,则又可表达为

$$Z_1 + \frac{p_1}{\rho g} + \frac{u_1^2}{2g} + H = Z_2 + \frac{p_2}{\rho g} + \frac{u_2^2}{2g} + \sum h_f \qquad (3\text{-}1\text{-}2)$$

式中:Z_i——流体的位压头,m 液柱;p_i——流体的压力,Pa;u_i——流体的平均流速,m/s;ρ——流体的密度,kg/m³;$\sum h_f$——流动系统内因阻力造成的压头损失,m 液柱;H——流动系统内因阻力造成的压头损失,m 液柱。$i=1,2$。

　　液体在流动时,位能、动能、压力能三种能量是可以互相转化的。当管路条件(如位置高低、管径)改变时,它们便不断地自行转化。黏度为零的理想流体在不输入外功的情况下,在同一管路的任何两个截面上,尽管三种机械能彼此不一定相等,但它们的总和是不变的。

　　对实际流体来说,同一管路两个截面间的机械能的总和是不相等的,两者的差额就是流体在这两个截面之间摩擦而转化成热的机械能,这在机械能衡算时必须考虑到。

　　机械能可用测压管中液柱的高度来表示,当活动测压头的小孔正对水流方向时,测压管中液柱的高度 h_{ag} 即为总压头(即动压头、静压头与位压头的和)。当活动测压头的小孔轴线垂直于水流方向时,测压管中液柱的高度 h_{per} 为静压头与位压头之和。

　　若令位压头(所测管截面的中心与仪器规定表面的垂直距离)为 H_z,静压头为 H_p,动压头为 H_v,总压头为 H_s,则有

$$H_p = h_{per} - H_z$$
$$H_v = h_{ag} - H_z - H_p = h_{ag} - h_{per}$$
$$H_s = h_{ag}$$

三、实验装置和流程

　　实验装置和流程如图 3-1-1 所示。设备由玻璃管、活动测压头、水槽、循环水泵等组成。活动测压头的小管端部密封,管身开有小孔,小孔位置与玻璃管中心线平齐,小管又与测压管相通,转动活动测压头就可以测量动静压头。管路分成四段,由大小不同的两种规格的玻璃管所组成,阀5供调节流量之用。

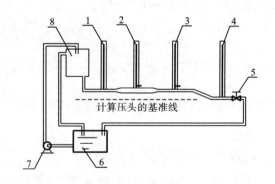

计算压头的基准线

图 3-1-1　伯努利方程实验装置和流程示意图

1—1 号测压管;2—2 号测压管;3—3 号测压管;4—4 号测压管;
5—水流量调节阀;6—水箱;7—循环水泵;8—上水槽

四、实验操作要点及思考题

1. 验证流体静力学原理

启动循环水泵,关闭水流量调节阀 5,调整活动测压头位置,观察并记录各测压管的液位高度 H。

思考下列问题:

(1) 此时测压管中液柱的高度取决于什么?

(2) 各活动测压头位置变化时,液位高度有无变化? 这一现象说明什么? 液位高度的物理意义又是什么?

(3) 各测压管液位高度是否在同一标高上? 能否在同一标高上?

(4) 点 4 的静压头为什么比点 3 的大(或 p_4 为什么大于 p_3)?

2. 观察流体流动时的压头损失

打开水流量调节阀 5(小流量)并使各测压头的小孔垂直于流动方向,在测压管上读取每个测压点的指示值,并把实验数据列表记录。

思考下列问题:

(1) 1、2、3、4 号测压管指示值是按什么规律变化的? 为什么会这样变化?

(2) 阀 5 开度未变,为什么各测压管液位又下降? 下降的液位代表什么压头?

(3) 1、3 两点及 2、3 两点下降的液位是否相等? 这一现象说明什么?

3. 动静压头和位压头的相互转化

旋转 2 号及 3 号测压管的活动手柄,使测压头的小孔正对流动方向后,测压管上的示值即为此点的总压头。记下此数据,计算这两点的动能,并进行比较。

实验二　雷　诺　实　验

一、实验目的

(1) 建立对层流(滞流)和湍流两种流动类型的直观感性认识。

(2) 熟悉雷诺数 Re 的测定与计算方法。

(3) 观测雷诺数与流体流动类型的相互关系。

(4) 观察层流中流体质点的速度分布。

二、基本原理

雷诺(Reynolds)用实验方法研究流体流动时,发现影响流体流动类型的因素除流速 u 外,还有管径(或当量直径)d、流体的密度 ρ 及黏度 μ,并可用这四个物理量组成的无因次数群来判定流体流动类型:

$$Re = \frac{du\rho}{\mu} \qquad (3\text{-}2\text{-}1)$$

$Re<2\,000$ 时为层流；$Re>4\,000$ 时为湍流；$2\,000 \leqslant Re \leqslant 4\,000$ 时为过渡区，在此区间可能为层流，也可能为湍流。

由式（3-2-1）可知，对同一个仪器，d 为定值，故流速 u 仅为流量的函数；对于流体水来说，ρ、μ 几乎仅为温度 t 的函数。因此，确定了温度及流量，即可由仪器铭牌上的图查出雷诺数。

雷诺实验对外界环境要求较严格，应避免在有震动设施的房间内进行。但由于实验室条件的限制，通常在普通房间内进行，故将对实验结果产生一些影响，再加上管子粗细不均匀等原因，层流雷诺数上界在 $1\,600 \sim 2\,000$。

当流体的流速较小时，管内流体流动为层流，管中心的指示液呈一条稳定的细线通过全管，与周围的流体无质点混合；随着流速的增加，指示液开始波动，形成一条波浪形细线；当流速继续增加，指示液将被打散，与管内流体充分混合。

三、实验装置和流程

实验装置和流程如图 3-2-1 所示。

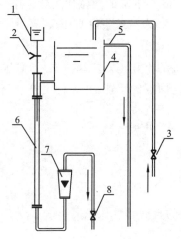

图 3-2-1 雷诺实验装置和流程示意图
1—墨水罐；2—墨水阀；3—进水阀；
4—高位水槽；5—溢流管；6—流态观察管；
7—转子流量计；8—排水阀

四、实验操作要点

（1）开启进水阀，将高位水槽充满水，有溢流时即可关闭（若条件许可，此步骤可在实验前进行，以使高位水槽中的水经过静置消除旋流，提高实验的准确度）。

（2）开启排水阀及墨水阀，根据转子流量计的示数，利用仪器上的对照图查得雷诺数，并列表记录。

（3）逐渐开大排水阀，观察不同雷诺数时的流动状况，并把实验现象记入表中。

（4）继续开大排水阀，到使红墨水与水相混旋，测取此时流量，并将相应的雷诺数记入表中。

（5）观察流体在层流时流体质点的速度分布。

层流中，由于流体与管壁间及流体与流体间内摩擦力的作用，管中心处流体质点速度较大，愈靠近管壁速度愈小，因此在静止时处于同一横截面的流体质点，开始层流流动后，由于速度不同，形成了旋转抛物面（由抛物线绕其对称轴旋转而形成的曲面)。通过下面的演示可直观地看到此曲面的形状。

预先打开红墨水阀,使红墨水扩散为团状,再稍稍开启排水阀,使红墨水缓慢随水运动,则可观察到红墨水团前端的界限,形成了旋转抛物面。

五、思考题

(1) 流体的流动类型与雷诺数的值有什么关系?

(2) 为什么要研究流体的流动类型? 它在化工过程中有什么意义?

(3) 影响流体流动形态的因素有哪些?

(4) 以流速作为判别流体流动形态的唯一具体条件是什么?

(5) 能否只用流速的数值来作为流体流动形态判别的标准? 为什么? Re 值为什么能决定流体流动形态?

实验三　旋风分离器实验

一、实验目的

(1) 了解旋风分离器的工作原理。

(2) 观察旋风分离器的运行情况。

二、基本原理

旋风分离器主体上部是圆形筒,下部呈圆锥形。含尘气体由切线方向进入,由于受圆锥形器壁的作用而旋转运动,从而使气体中颗粒因离心作用而被甩向器壁。固体颗粒沿锥形部分落入下部的灰斗中,从而达到分离的目的。

三、实验装置和流程

旋风分离器及其工作流程如图 3-3-1 所示。

四、实验操作要点

(1) 实验时开动空气压缩机,全开总气阀,空气通过过滤减压阀和节流孔后同时供应给旋风分离器和对比模型。当空气通过抽吸器时,因以高速从喷嘴

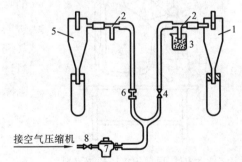

图 3-3-1　旋风分离器及其工作流程

1—旋风分离器;2—抽吸器;3—煤粉杯;

4—旋塞阀;5—对比模型;6—节流孔;

7—过滤减压阀;8—总气阀

喷出,使抽吸器形成负压,这时周围的大气会被抽入抽吸器中,如果将装有煤粉的杯子接触抽吸器的下端,煤粉就会被气流带入系统内混合到气流中,形成含尘空气。当含尘空气通过旋风分离器时就可清楚地看见煤粉旋转运动,一圈一圈地沿螺旋形流线落入灰斗内的情景。从旋风分离器出口排出的空气由于煤粉已被分离,清洁无色。

(2) 将煤粉杯移到对比模型的抽吸器上,对比模型的外形和旋风分离器相同,区别仅是进口管不在切线上而在圆筒部分的直径上,这样气流就不能旋转运动。当含煤粉的空气进入后就可看出气流是混乱的。由于缺少离心作用,所以煤粉的分离效果差,一些粒度较细的煤粉不能沉降下来而随气流从出口喷出,可看到出口冒黑烟。如果用白纸挡在模型出口的上方,白纸就会被煤粉熏黑。

实验四　电除尘实验

一、实验目的

(1) 了解电除尘仪的基本结构。

(2) 观察电除尘现象,以了解工业电除尘原理。

二、基本原理

电除尘是气体净化方法的一种,它是利用电场的作用力使气体中所含微尘或微液滴沉降,从而达到净化气体的目的。电除尘能除去直径 $1~\mu m$ 左右的尘粒,效率较高,可以处理高温和具有化学腐蚀性的气体,应用广泛,特别适用于消除烟囱排烟的环境污染。但由于电除尘一般使用几万伏的高压,所以在工业现场是不能轻易观察其现象的。本实验所用的电除尘仪正是针对这个问题而设计的,它可让学生直接观察电除尘现象,增加感性认识。

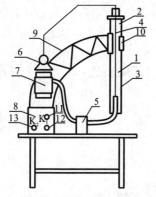

图 3-4-1　电除尘仪结构示意图

1—除尘管;2—电晕极;3—沉降极;
4—云母片;5—尘发生器;6—汽车感应圈;
7—泵;8—电气箱;9—支架;10—夹箍;
11—泵开关;12—烘干机开关;13—脉冲开关

三、实验装置和流程

本实验仪器结构如图 3-4-1 所示。

仪器主要由高压发生器、除尘管和尘发生器组成。高压发生器包括电气箱和感应圈(汽车感应圈)。电气箱将 220 V 交流电降压、整流后经继电器作用,将低压直流电变为脉冲电流供给感应圈,感应圈再将电流变为高压脉冲电流。除尘管是一根玻璃管,管外绕上金属丝作为电极(沉降极),管中央设一金属丝作另一电极(电晕极),两极分别接高压正、负端。当通以高压电时,两极间形成不均匀电场,愈靠近中心处电场愈强。当中心处电场足够大时,附近的气体电离,产生正、负离子,正离子受中心负极吸引,负离子受管壁正极吸引向管壁移动。气体的尘粒碰上负离子时带负电荷,所以尘粒也就受正电极吸引而沉降到管壁上,从而达到除尘的目的。实际上应用时的除尘管是金属,也就无须绕金属丝做电极了。

四、实验操作要点

(1) 演示火花放电现象。电除尘设备如果设计不当,两极距离过近,就能产生火花放电现象,这项演示也可以作为检验仪器是否能正常产生高压的办法。

实验时只合上脉冲开关 K_2,让感应圈产生高压,然后用螺丝刀的金属杆先接触支架(正极),再使螺丝刀尖接近感应圈的高压输出端(负极),当距离达到 9 mm 时,就会产生火花放电(注意:螺丝刀的方向不可倒置,否则会触电),演示完毕立即关掉脉冲开关 K_2。

(2) 电除尘现象。先将浓氨水和 5 mol/L 盐酸充至药瓶(尘发生器)刻线处,再接好由气泵通向药瓶和药瓶通向除尘管底部的软管。打开气泵电源开关,此时即有含氯化铵的"白烟"通入除尘管。因有粉尘均匀悬浮在气流中,所以管内气体呈乳白色。待混浊气体升到管子中下部时,合上脉冲开关 K_2,产生高压,这时马上可看见粉尘被电场吸引附着在玻璃管内壁(正极)上,小部分吸附在中心电极(负极)上,虽然含尘气体继续不断通入除尘管,但由于空气已被净化,故管内变得透明。当关掉脉冲开关 K_2 时,管内又恢复混浊,再打开脉冲开关 K_2,又变得透明。

除尘管的气流速度有一定限制,气速过大,粉尘会被气流带走而不能沉降。

另外,此实验如果空气过分湿冷,则现象不明显,可事先打开烘干机开关把空气烘干。

实验五　热边界层实验

一、实验目的

(1) 了解热边界层仪的构造。
(2) 利用折光法观察热边界层。

二、仪器构造与使用

如图 3-5-1 所示,亮室型边界层仪设有前遮光筒、后遮光筒,可在无强烈直射光的普通房间内使用。

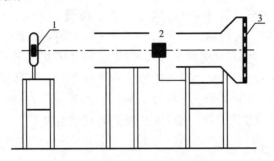

图 3-5-1　边界层仪结构图

1—点灯源；2—热模型；3—磨砂玻璃

影像投射在遮光筒的磨砂玻璃上，如卸去遮光筒，可改为暗室使用。仪器的点光灯泡是一种电影机专用灯泡，发光面积小而亮度大。热模型用铜质外壳，内装瓷芯和电阻丝，为确保安全，采用低压供电。使用前要对模型通电加热约半小时。

三、实验原理及实验现象

流体流经固体壁面或者固体在静止的流体中运动时，由于流体黏性作用，会在紧贴固体壁面处产生边界层。当流体流经曲面时，也同样会形成边界层，而且会产生边界层的分离现象，形成旋涡。列管式换热器壳程内就是这种情况的具体实例。

使用热边界层仪，可以直接观察到边界层的折光现象。其原理如下。

如图 3-5-2 所示，点光灯泡的光线从离模型几米的地方射向模型，它以很小的入射角 i 射入边界层。如光线不偏折，它应投射到 b 点。但由于高温空气折射率不同，光线发生偏折，折射角 r 大于入射角 i，射出光线在离开边界层时再产生一些偏折后射到 a 点。在 a 点上原来已经有背景的投射光，加上偏折光就显得特别明亮，各无数亮点组成的图形，就反映了边界层的形状。此外，原投射位置(b 点)因为得不到投射光线所以显得较暗，形成暗区。这个暗区也是边界层折射现象引起的，因此也代表边界层的形状。

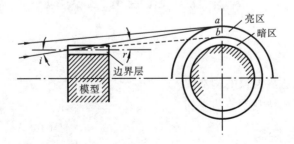

图 3-5-2　热边界层演示示意图

仪器可以清楚地表现出流体流经圆柱体的层流边界层形象。圆柱底部由于动压的影响,边界层最薄,愈到上部愈厚,最后产生边界层分离,形成旋涡。此外,折射现象的出现是高温空气引起的,这点也就证明边界层是不流动的。

边界层的厚度随流速的增加而减小。这个现象也能看到,对模型吹气,就会看见迎风一侧边界层影像外沿退到模型壁上,表明边界层厚度减小。

实验六　板式塔演示实验

一、实验目的

(1) 本套装置同时装有筛板、浮阀、泡罩及舌形塔板等四种塔板,观察、掌握四种塔板的结构特点。

(2) 观察、掌握板式塔内部每块塔板上气液流动情况。

二、基本原理

筛板塔是常用的精馏和吸收单元操作设备。在精馏塔中,加热釜产生的蒸汽沿塔逐渐上升,来自塔顶冷凝器的回流液从塔顶逐渐下降,气液两相在塔内塔板上实现多次接触,进行传热、传质过程,轻组分上升,重组分下降,使混合液达到一定程度的分离。在吸收塔中,吸收剂与气体混合物在筛板上经过多次接触,达到溶解平衡。

三、实验装置和流程

实验教具如图 3-6-1 所示。空气由旋涡风机经过孔板流量计计量后输送到板式塔塔底,板式塔塔板由下向上依次是筛板、浮阀、泡罩、舌形塔板。液体则由离心泵经过转子流量计计量后由塔顶进入塔内并与空气进行接触,由塔底流回水槽内。

板式塔塔高:920 mm。塔板:ϕ100 mm×5.5 mm,材料为有机玻璃。板间距:180 mm。空气流量由孔板流量计测得,孔板流量计的孔径为 14 mm,流量系数为 0.67。

四、实验操作要点

(1) 首先向水槽内放入一定数量的水(最好为蒸馏水),将空气流量调节阀打开,将离心泵流量调节阀关上。

(2) 启动旋涡风机,改变空气流量分别测定四块塔板的干板压降,并观察鼓泡现象。

(3) 将图 3-6-1 中所示下进水阀路打开,上进水阀关闭后,启动离心泵,分别改

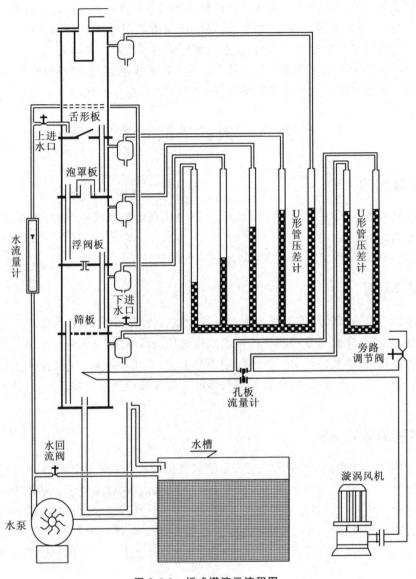

图 3-6-1　板式塔演示流程图

变空气、液体流量,用观察法测出筛板的操作负荷性能图,观察鼓泡现象及压降情况。

（4）将上进水阀打开,关闭下进水阀,分别改变空气流量测定其四块塔板的压降,同时观察实验现象。

（5）实验结束时先关闭上进水阀,待塔内液体大部分流回到塔底时再关闭旋涡风机。

五、实验注意事项

（1）为保护有机玻璃塔的透明度，实验用水最好采用蒸馏水。

（2）开车时先开旋涡风机，后开水离心泵，停车时反之，这样可避免板式塔内的液体进入风机中。

（3）实验过程中改变空气流量或水流量时，流量计会因为流体的流动而上下波动，取中间数值为测取数据。

（4）水槽必须充满水，否则空气压力过大易走短路。

第四部分 研究创新型实验

实验一 反应精馏实验

反应精馏是精馏技术中的一个特殊领域,它是将反应与分离过程结合在一起,在一个装置内完成的操作过程,它既有精馏操作的质量传递现象,又有化学反应现象。在操作过程中,化学反应与分离同时进行,故能显著提高总体转化率,降低能耗。此法在酯化、醚化、酯交换、水解等化工生产中得到应用,而且越来越显示出其优越性。

一、实验目的

（1）了解反应精馏是既服从质量作用定律,又服从相平衡规律的复杂过程。

（2）了解反应精馏与常规精馏的区别,掌握反应精馏的操作。

（3）能进行全塔物料衡算和塔操作的过程分析,学会分析塔内物料组成。

二、基本原理

反应精馏不同于一般精馏。在操作过程中,化学反应与分离过程同时进行,两者同时存在,相互影响,使过程更加复杂。因此,反应精馏对下列两种情况特别适用:①可逆平衡反应。一般情况下,反应受平衡影响,转化率只能维持在平衡转化的水平。但是,若生成物中有低沸点或高沸点物质存在,则精馏过程可使其连续地从系统中排出,结果超过平衡转化率,大大提高了效率。②异构体混合物分离。通常因它们的沸点接近,靠精馏方法不易分离提纯,若异构体中某组分能发生化学反应并能生成沸点不同的物质,这时可在过程中得以分离。

醇酸酯化反应属于第一种情况。但该反应若无催化剂存在,单独采用反应精馏操作也达不到高效分离的目的,这是因为反应速度非常缓慢,故一般用催化反应方式。该反应的催化剂为酸性催化剂,常用硫酸,反应随酸浓度增高而加快。此外,还可用离子交换树脂、重金属盐类和丝光沸石分子筛等固体催化剂。反应精馏的催化剂用硫酸,是由于其催化作用不受塔内温度限制,在全塔内都能进行催化反应,而应用固体催化剂则由于存在一个最适宜的温度,精馏塔本身难以达到此条件,故很难实现最优化操作。本实验是以酯化反应(如乙酸乙酯、乙酸己酯、乙酸甲酯等的合成)为研究对象。现以乙酸和乙醇为原料,在酸催化剂作用下生成乙酸乙酯的可逆反应为例说明反应精馏实验原理。该反应的化学方程式为

$$CH_3COOH + C_2H_5OH \rightleftharpoons CH_3COOC_2H_5 + H_2O$$

实验的进料方式有两种:一是直接从塔釜进料;另一种是在塔的某处进料。前者有间歇和连续式操作,后者只有连续式操作。本实验用后一种方式进料,即在塔上部某处加带有酸催化剂的乙酸,塔下部某处加乙醇。在沸腾状态下塔内轻组分逐渐向上移动,重组分向下移动。具体地说,乙酸从上段向下段移动,与向塔上段移动的乙醇接触,在不同填料高度上均发生反应,生成乙酸乙酯和水。塔内此时有四种组分。由于乙酸在气相中有缔合作用,除乙酸外,其他三个组分形成三元或二元共沸物。水-酯、水-醇共沸物沸点较低,醇和酯能不断地从塔顶排出。若控制反应原料比例,可使某组分全部转化。因此,可认为反应精馏的分离塔也是反应器。全过程可用物料衡算式和热量衡算式描述。

(1)物料平衡方程。全塔物料总平衡如图 4-1-1 所示。

对第 j 块理论板上的 i 组分进行物料衡算如下:

$$L_{j-1}X_{i,j-1} + V_{j+1}Y_{i,j+1} + F_jZ_{j,i} + R_{i,j}$$
$$= V_jY_{i,j} + L_jX_{i,j} \tag{4-1-1}$$
$$2 \leqslant j \leqslant n, \quad i = 1,2,3,4$$

(2)气液平衡方程。对平衡级上某组分 i 有如下平衡关系:

$$K_{i,j}X_{i,j} - Y_{i,j} = 0 \tag{4-1-2}$$

每块板上组成的总和应符合下式:

$$\sum_{i=1}^{n}Y_{i,j} = 1, \quad \sum_{i=1}^{n}X_{i,j} = 1 \tag{4-1-3}$$

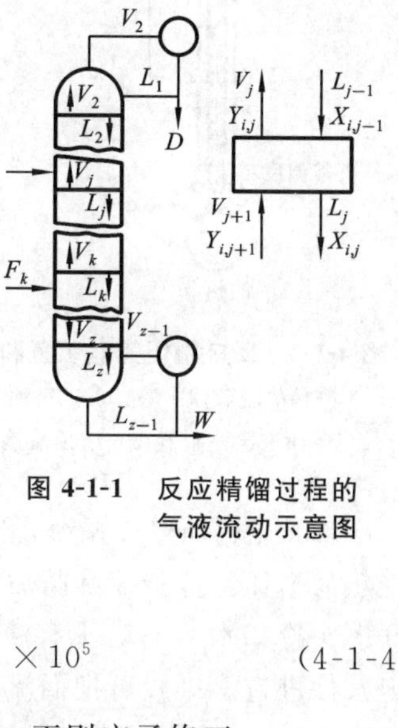

图 4-1-1 反应精馏过程的气液流动示意图

(3)反应速率方程为

$$R_{i,j} = K_j \cdot P_j\left[\frac{X_{i,j}}{\sum Q_{i,j} \cdot X_{i,j}}\right]^2 \times 10^5 \tag{4-1-4}$$

式(4-1-4)在原料中各组分的浓度相等条件下才能成立,否则应予修正。

(4)热量衡量方程。在平衡级上进行热量衡算,最终得到下式:

$$L_{i-1}h_{j-1} - V_jH_j - L_jh_j + V_{i+1}H_{j+1} + F_iH_{rj} - Q_i + R_jH_{rj} = 0 \tag{4-1-5}$$

(5)符号说明。F_j——j 板进料流量;h_j——j 板上液体焓值;H_j——j 板上气体焓值;H_j——j 板上原料焓值;H_{rj}——j 板上反应热焓值;L_j——j 板下降液体量;$K_{i,j}$——i 组分的气液平衡常数;P_j——j 板上液体混合物体积(持液量);$R_{i,j}$——j 板上单位时间单位液体体积内 i 组分反应量;V_j——j 板上升蒸气量;

$X_{i,j}$——j 板上 i 组分的液相摩尔分数；$Y_{i,j}$——j 板上 i 组分的气相摩尔分数；$Z_{i,j}$——j 板上 i 组分的原料组成；Q_j——j 板上冷却或加热的热量。

三、实验装置和流程

实验装置和流程如图 4-1-2 所示。

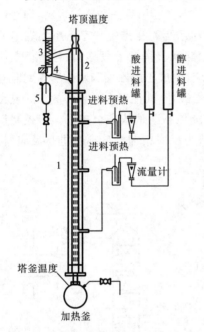

图 4-1-2　反应精馏实验装置和流程图
1—填料精馏塔；2—塔头；3—塔顶冷凝器；
4—回流比控制器；5—塔顶液接收罐

反应精馏塔用玻璃制成，直径 29 mm，塔高 1 400 mm，塔内填装不锈钢 θ 环型填料(ϕ3 mm×3 mm)。塔釜双循环自动出料，容积 250 mL，塔外壁镀有金属膜，通电流为塔身加热保温。塔釜用 500 W 电热棒进行加热，采用电压控制器控制釜温。塔顶冷凝液体的回流采用摆动式回流比控制器操作。此控制系统由塔头上摆锤、电磁铁线圈、回流比计数拨码电子仪表组成。进料采用高位槽经转子流量计进入塔内。

四、实验操作要点

（1）操作前在釜内加入 200 g 接近稳定操作组成的釜液（可为前次反应所得釜液），并分析其组成。

（2）检查进料系统各管线是否连接正常，确认无误后将乙酸（内含 0.3% 硫酸）、乙醇注入计量管内。进料时可打开进料流量计阀门向釜内加料。

（3）开启加热釜系统，开始时用手动挡，注意不要使电流过大，以免设备突然受热而损坏。待釜液沸腾后，开启塔身保温电源，调节保温电流（注意：不能过大），开塔头冷却水。当塔头有液体出现，待全回流 10～15 min 后开始进料，实验按规定条件进行。一般可把回流比控制在 3∶1（可根据操作情况调整）。酸醇物质的量比可设定为酸过量或醇过量，如可将酸醇物质的量比定在 1∶1.3，进料速度为 3～5 mL（乙醇）/min。进料后仔细观察塔底和塔顶温度与压力，调节塔顶与塔釜出料速度。

（4）记录所有数据，及时调节进出料，使处于平衡状态。稳定操作 2 h，其中每隔 30 min 用小样品瓶取塔顶与塔釜流出液，称重并分析组成。在稳定操作下用微量注射器在塔身各取样口内取液样，直接注入色谱仪内，取得塔内组分浓度分布曲线。

（5）如果时间允许,可改变回流比或加料物质的量比,重复操作,取样分析,并进行对比。

（6）实验完成后关闭加料,停止加热,让持液全部流至塔釜,取出釜液称重,分析组成,停止通冷却水。采用傅里叶变换红外光谱仪(FT-IR)对精制产品进行红外光谱分析。

五、实验数据处理

自行设计实验数据记录表格。根据实验测得数据,按下列要求写出实验报告：①实验目的与实验流程、步骤；②实验数据与数据处理；③实验结果与讨论及改进实验的建议。

可根据下式计算反应转化率和收率。

（1）醇过量时,以酸为基准计算转化率和收率。

$$\text{转化率} = \frac{(\text{乙酸加料量} + \text{原釜内乙酸量}) - (\text{馏出物乙酸量} + \text{釜残液乙酸量})}{\text{乙酸加料量} + \text{原釜内乙酸量}}$$

$$\text{收率} = \frac{(\text{馏出物乙酸乙酯量} + \text{釜残液乙酸乙酯量}) - \text{原釜内乙酸乙酯量}}{\text{乙酸加料量} + \text{原釜内乙酸量}}$$

（2）酸过量时,以醇为基准计算转化率和收率。

$$\text{转化率} = \frac{(\text{乙醇加料量} + \text{原釜内乙醇量}) - (\text{馏出物乙醇量} + \text{釜残液乙醇量})}{\text{乙醇加料量} + \text{原釜内乙醇量}}$$

$$\text{收率} = \frac{(\text{馏出物乙酸乙酯量} + \text{釜残液乙酸乙酯量}) - \text{原釜内乙酸乙酯量}}{\text{乙醇加料量} + \text{原釜内乙醇量}}$$

进行乙酸和乙醇的全塔物料衡算,计算塔内浓度分布、反应收率、转化率等。

六、思考题

（1）怎样提高酯化收率?

（2）不同回流比对产物分布影响如何?

（3）采用釜内进料,操作条件要进行哪些改变? 酯化率能否提高?

（4）进料物质的量之比应保持多少为最佳?

（5）用实验数据能否进行模拟计算? 如果数据不充分,还要测定哪些数据?

实验二　超临界萃取实验

一、实验目的

（1）了解超临界萃取的基本原理。

（2）熟悉超临界萃取的工艺流程。

（3）掌握采用超临界萃取方法萃取植物油的方法。

二、基本原理

超临界萃取技术是 20 世纪 70 年代兴起的一种新的化工分离技术。由于它具有低能耗、无环境污染和适合处理受热易分解的高沸点物质等特性，该技术引起化工、能源、医药、食品、香精香料、分析化学等多领域的广泛兴趣和应用。所谓超临界流体，是指热力学状态处于临界点(p_c、T_c)之上的流体，临界点是气、液界面刚刚消失的状态点。超临界流体具有十分独特的物理化学性质，它的密度接近于液体，黏度接近于气体，而扩散系数大、黏度大、介电常数大等特点，使其分离效果好，是很好的溶剂。超临界萃取是在高压、合适温度下，在萃取缸中使溶剂与被萃取物接触，让溶质扩散到溶剂中，再在分离器中改变操作条件，使溶解物质析出以达到分离目的的方法。近几年来，超临界萃取技术在国内外得到了迅速发展，先后在啤酒花、香料、中草药、油脂、石油化工、食品保健等领域实现工业化。

超临界萃取装置通常选择 CO_2 介质作为超临界萃取剂，具有以下特点：①操作范围宽，便于调节；②选择性好，可通过控制压力和温度，有针对性地萃取所需成分；③操作温度低，在接近室温条件下进行萃取，这对于热敏性成分的萃取尤其适宜；④从萃取到分离一步完成，萃取后的 CO_2 不残留在萃取物上；⑤CO_2无毒、无味、不燃、价廉易得，且可循环使用；⑥萃取速度快。

三、实验装置和流程

超临界萃取实验装置由下列部分组成：CO_2(纯度高于 99%)钢瓶、制冷装置、温度控显系统、安全保护装置、携带剂罐、净化器、混合器、储罐、流量为 50 L/h 和 4 L/h 的柱塞泵、1 L(或 2 L)/50 MPa 萃取缸、30 MPa 分离器、精馏柱、电控柜、阀门、管件及柜架等。具体流程见图 4-2-1。主要技术参数：最高萃取压力为 50 MPa；单缸萃取容积为 1 L(或 2 L)。萃取温度：20～75 ℃。流量：0～50 L/h，可调。

四、实验操作要点

1. 开机前的准备工作

（1）首先检查电源，三相四线是否完好无缺。

（2）保持冷冻气瓶储罐的冷却水源畅通。冷箱内为 30%乙二醇的水溶液。

（3）检查管路接头以及各连接部位是否牢靠。

（4）将各冷热箱内加入冷水，不宜太满，水面离箱盖 2 cm 左右为宜。

（5）将萃取原料装入料筒，原料不应装太满，离过滤网 2～3 cm 为宜。

（6）将料筒装入萃取缸，盖好压环及上堵头(如果萃取液体物料需加入携带

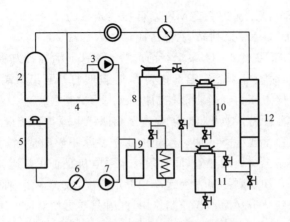

图 4-2-1 超临界萃取装置和流程图

1—流量计;2—CO_2钢瓶;3—泵Ⅰ;4—冷箱;5—携带剂罐;6—流量计;

7—泵Ⅱ;8—萃取缸;9—混合器;10—分离器Ⅰ;11—分离器Ⅱ;12—精馏柱

剂,可将液料放入携带剂罐,用泵压入萃取缸内)。

2. 开机操作顺序

(1) 先开启送空气开关,再启动(绿色按钮)电源(如三相电源指示灯亮,则说明电源已接通)。

(2) 接通制冷开关,同时接通水循环开关。

(3) 开始加温,将萃取缸、分离器Ⅰ、分离器Ⅱ温度升至接近设定的要求。

(4) 将冷冻机温度降到 0 ℃左右。

(5) 开始制冷的同时让 CO_2 气体通过阀门进入净化器、冷盘管和储罐。将 CO_2 进行液化,液态 CO_2 通过泵、混合器、净化器进入萃取缸(萃取缸已装样品且关闭上堵头),等压力平衡后,打开萃取缸放空阀门,慢慢放掉残留空气,降低部分压力后,关闭放空阀。

(6) 加压。先将电极点拨到需要的压力上限,启动(绿色按钮)泵Ⅰ,再手按数位操作中的绿色触摸开关"RUN"。

(7) 中途停泵时,只需按数位操作上的"STOP"键。

(8) 萃取完成后,先关闭冷冻机、泵及各种加热循环开关,再关闭总电源,萃取缸卸压后取出料筒,整个萃取过程结束。

五、实验注意事项

(1) 此装置为高压流动装置,非熟悉本系统流程者不得操作,高压运转时不得离开岗位,如发生异常情况要立即停机,关闭电源后检查。

(2) 制冷系统。①开机前及正常运转时须检查压缩机油面线是否正常,一般情况下不会缺油,如过低须加入冷机专用油。②冷机正常运转时,夏天高压表指示为 1.5～2.0 MPa(高压保护 2.2 MPa),低压表指示为 0.2～0.3 MPa。如果制冷效果差,可适当加入 R22 氟利昂(从低压阀口加入)。

(3) CO_2 流体系统。①CO_2 泵运行前应检查泵头是否有冷却循环水(冷箱内供给)。②开始加压时应等制冷箱温度达到要求,同时打开泵出口端放空阀门进行放空。③应检查电接点压力计是否能控制停泵(人为试验检查)。

(4) 加热控温系统。①开机时须检查三相四线电源是否正确,禁止缺相运行。②每次开机(每班)都要检查各加热水箱的水位。水不够时应及时补充(因温度高水分会蒸发),否则会烧坏加热管,同时须查水泵电机是否正常运转,防止水垢卡死轴而烧坏电机。③如果测量温度远远高于设定温度,或者水浴内的水被烧开,原因可能为双向可控硅被击穿而不起控制作用,此时只要更换对应的可控硅就可以了。

(5) 对于泵,要定期更换润滑油。

(6) 加热水箱保养。①若长时间不用,需将水排放掉。②一般开机前应检查水箱水位。

实验三　膜分离实验

一、实验目的

(1) 了解超滤膜分离的主要工艺设计参数。

(2) 了解液相膜分离技术的特点。

(3) 练习并掌握超滤膜分离的操作技术。

(4) 熟悉浓差极化、截流率、膜通量、膜污染等概念。

二、基本原理

超滤膜分离的基本原理是在压差推动下,利用膜孔的渗透和截留性质,使得不同组分得到分级或分离。超滤膜分离的工作效率以膜通量和物料截流率为衡量指标,二者与膜结构、体系性质以及操作条件等密切相关。影响膜分离的主要因素如下:①膜材料,指膜的亲(疏)水性和电荷会影响膜与溶质之间的作用力;②膜孔径,膜孔径的大小直接影响膜通量和膜的截流率,一般来说,在不影响截流率的情况下尽可能选取膜孔径较大的膜,这样有利于提高膜通量;③操作条件(压力和流量)。另外,料液本身的一些性质(如溶液 pH 值、盐浓度、温度等)都对膜通量和膜的截流率有较大的影响。

超滤膜分离性能通常以料液截留率 R、透过液通量 J 及浓缩因子 N 来表示。

$$R = \frac{C_0 - C_1}{C_0}$$

(4-3-1)

式中:C_0——原料初始浓度;C_1——透过液浓度。

$$J = \frac{V}{\theta S} \qquad\qquad (4\text{-}3\text{-}2)$$

式中:V——渗透液体积;S——膜面积;θ——实验时间。

$$N = \frac{C_2}{C_0} \qquad\qquad (4\text{-}3\text{-}3)$$

式中:C_2——浓缩液浓度。

　　膜分离单元操作装置的分离组件采用超滤中空纤维膜。当欲被分离的混合物料流过膜组件孔道时,某组分可穿过膜孔而被分离。通过测定料液浓度和流量,可计算被分离物的脱除率、回收率及其他有关数据。当配置真空系统和其他部件后,可组成多功能膜分离装置,能进行膜渗透蒸发、超滤、反渗透等实验。

三、实验装置与流程

　　1. 中空纤维超滤膜分离实验装置和流程

　　超滤膜分离综合实验装置及流程如图 4-3-1 所示。

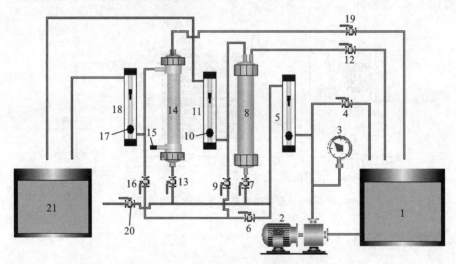

图 4-3-1　超滤膜分离实验装置和流程图
1—原料液水箱;2—循环泵;3—压力计;4—旁路调压阀;5—总流量计;6—阀;7—阀;
8—膜组件 PP100;9—反冲洗阀;10—流量计阀;11—透过液转子流量计;12—浓缩液阀;
13—阀;14—膜组件 PS10;15—备用口;16—反冲洗阀;17—流量计阀;
18—透过液转子流量计;19—浓缩液阀;20—阀;21—透过液水箱

　　中空纤维超滤膜组件:PS10 截留相对分子质量为 10000,内压式,膜面积为 0.1 m²,纯水通量为 3~4 L/h;PS50 截留相对分子质量为 50000,内压式,膜面积为 0.1 m²,纯水通量为 6~8 L/h;PP100 截留相对分子质量为 100000,卷式膜,膜

面积为 $0.1\ m^2$,纯水通量为 $40\sim60\ L/h$。

本实验将聚乙烯醇(PVA)料液由输液泵输送,经粗滤器和精密过滤器过滤、转子流量计计量后,从下部进入中空纤维超滤膜组件中,经过膜分离将 PVA 料液分为两股:一股是透过液,即透过膜的稀溶液(主要由低相对分子质量物质构成),经流量计计量后回到低浓度料液储罐(淡水箱);另一股是浓缩液,即未透过膜的溶液(浓度高于料液,主要由大分子物质构成),回到高浓度料液储罐(浓水箱)。

溶液中聚乙烯醇的浓度采用分光光度计分析。

在进行一段时间实验以后,膜组件需要清洗。反冲洗时,只需向淡水箱中接入清水,打开反冲洗阀,其他操作与分离实验相同。

中空纤维膜组件容易被微生物侵蚀而损伤,故在不使用时应加入保护液。在本实验系统中,拆卸膜组件后加入保护液(1%~5%甲醛溶液)以保护膜组件。

2. 无机陶瓷膜分离实验装置

膜分离系统通常由过滤器、膜组件、清水箱、高压泵、冲洗泵组成。高压泵提供操作压力、膜面流速。膜组件以串联与并联的形式组成膜设备,膜分离实验装置和流程如图 4-3-2 所示。

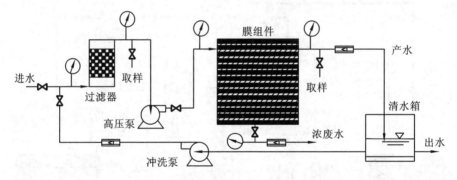

图 4-3-2　无机陶瓷膜分离实验装置流程图

四、实验操作要点

1. 中空纤维超滤膜分离实验

1) 实验操作

(1) 用自来水清洗膜组件 2~3 次,洗去组件中的保护液。排尽清洗液,安装膜组件。

(2) 打开阀 7,关闭阀 4、阀 6 及反冲洗阀。

(3) 将配制好的料液加入原料液水箱中,分析料液的初始浓度并记录。

(4) 开启电源,使泵正常运转,这时泵打循环水。

(5) 选择需要做实验的膜组件,打开相应的进口阀,如选择做超滤膜分离中的相对分子质量为 10 000 的膜组件实验时,打开阀 3。

(6) 组合调节阀 13、浓缩液阀门,调节膜组件的操作压力。超滤膜组件进口压力为 0.04～0.07 MPa,反渗透及纳滤为 0.4～0.6 MPa。

(7) 启动泵,稳定运转 5 min 后,分别取透过液和浓缩液样品,用分光光度计分析样品中聚乙烯醇的浓度。然后改变流量,重复进行实验,共测 1～3 个流量。期间注意膜组件进口压力的变化情况,并做好记录,实验完毕后方可停泵。

(8) 清洗中空纤维膜组件。待膜组件中料液放尽之后,用自来水代替原料液,在较大流量下运转 20 min 左右,清洗超滤膜组件中残余的原料液。

(9) 实验结束后,把膜组件拆卸下来,加入保护液至膜组件的 2/3 高度。然后密闭系统,避免保护液损失。

(10) 将分光光度计清洗干净,放在指定位置,切断电源。

(11) 实验结束后检查水、电是否关闭,确保所用系统水电关闭。

2) 注意事项

(1) 进行实验前必须将保护液从膜组件中放出,然后用自来水认真清洗,除掉保护液;实验后,也必须用自来水认真清洗膜组件,洗掉膜组件中的聚乙烯醇,然后加入保护液。加入保护液的目的是防止系统生菌和膜组件干燥而影响分离性能。

(2) 若长时间不用实验装置,应将膜组件拆下,用去离子水清洗后加上保护液以保护膜组件。

(3) 受膜组件工作条件限制,实验操作压力须严格控制,建议操作压力不超过 0.10 MPa,工作温度不超过 45 ℃,pH 值为 2～13。

2. 无机陶瓷膜分离实验

1) 实验操作

(1) 手动过滤过程。

①将操作箱面板上的"手动/自动"开关打到"手动"位置。

②打开泵出口手动截止阀,完全打开后,再关闭一半,打开膜系统出口手动截止阀。检查工作阀是否打开,排气阀和反冲洗阀是否关闭。

③在循环水箱内加入料液,启动循环泵。

④调整循环泵出口截止阀和膜系统出口截止阀,调整系统运行压力使其达到要求,此时系统运行正常。

(2) 手动反冲洗过程。

根据物料的不同性质,判断是否采用反冲洗系统,如采用反冲洗系统,手动操作如下:

①关闭工作阀;

②打开排气阀进行排气,当排气阀有液体排出后,关闭排气阀;

③打开反冲洗阀进行反冲洗操作,反冲洗时间一般不超过 3 s。

（3）自动操作过程。

①将操作箱面板上的"手动/自动"开关打到"自动"位置。

②打开泵出口手动截止阀,完全打开后,再关闭一半,打开膜系统出口手动截止阀。检查工作阀是否打开,排气阀和反冲洗阀是否关闭。

③在循环水箱内加入料液,启动循环泵。

④调整循环泵出口截止阀和膜系统出口截止阀,调整系统运行压力使其达到要求,此时系统运行正常。

2）实验注意事项

（1）陶瓷膜装置的保养包括循环泵、陶瓷膜管等设备的保养。

（2）陶瓷膜装置停机后系统内需充满液体,停机时膜系统应清洗至中性,加纯水保存。长期停机,定期循环清洗膜系统。清洗方法同陶瓷膜装置的清洗程序。

（3）霜冻期间不用陶瓷膜装置时,须将陶瓷膜装置清洗干净后将系统内（包括泵、管道等）的液体全部排空以防装置损坏。

五、实验报告

（1）将实验数据和计算结果列在数据表中,并以其中一组数据为例,写出典型的数据计算过程。

（2）在坐标系中绘制料液流量与截留率 R、透过液通量 J 及浓缩因子 N 关系曲线。

（3）对实验结果进行分析、讨论。

六、思考题

（1）简要说明超滤膜分离的基本机理。

（2）超滤组件长期不用时,为何要加保护液?

（3）在实验中,如果操作压力过高会有什么后果?

（4）提高料液的温度对膜通量有什么影响?

实验四　分子蒸馏实验

一、实验目的

（1）了解分子蒸馏实验装置及流程。

（2）熟悉分子蒸馏操作。

（3）掌握分子蒸馏提取天然维生素 E 的方法。

二、基本原理

分子蒸馏的原理(如图 4-4-1 所示)不同于常规蒸馏,它突破了常规蒸馏依靠沸点差分离物质的原理,而是依靠不同物质分子运动平均自由程的差别实现物质的分离。它具有常规蒸馏不可比拟的优点,如蒸馏压力低,受热时间短,操作温度低和分离程度高等。

根据分子运动理论,液体混合物受热后分子运动会加剧,当接受到足够能量时,就会从液面逸出成为气相分子。随着液面上方气相分子的增加,有一部分气相分子就会返回液相。在外界条件保持恒定的情况下,最终会达到分子运动的动态平衡,从宏观上看即达到了平衡。

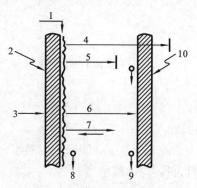

图 4-4-1　分子蒸馏分离原理示意图
1—混合液;2—加热板;3—加热;
4—$\lambda_轻$;5—$\lambda_重$;6—轻分子;
7—重分子;8—重组分;
9—轻组分;10—冷凝板

任一分子在运动过程中都在不断变化自由程,而在一定的外界条件下,不同物质的分子的自由程各不相同,在某时间间隔内自由程的平均值称为平均自由程。

根据分子运动平均自由程公式,不同种类的分子,由于分子有效直径不同,其平均自由程也不同,从统计学观点看,不同种类分子逸出液面后不与其他分子碰撞的飞行距离是不同的。

分子蒸馏的分离作用就是依据液体分子受热会从液面逸出,而不同种类分子逸出后,在气相中运动平均自由程不同这一性质来实现的。

分子蒸馏应满足两个条件:①轻、重分子的平均自由程有差异,且差异越大越好;②蒸发面与冷凝面间距小于轻分子的平均自由程。

如图 4-4-1 所示,液体混合物沿加热板自上而下流动,被加热后能量足够高的分子逸出液面,轻分子的分子运动平均自由程大,重分子的分子运动平均自由程小。若在离液面距离小于轻分子的分子运动平均自由程,大于重分子的分子运动平均自由程处设置一冷凝板,此时气体中的轻分子能够到达冷凝板,在冷凝板上不断被冷凝,从而破坏了体系中轻分子的动态平衡,使混合液中的轻分子不断逸出;相反,气相中重分子因不能到达冷凝板,很快与液相重分子趋于动态平衡,表观上重分子不再从液相中逸出。这样,液体混合物便达到了分离的目的。

设 v_m 为某一分子的平均速度,f 为碰撞频率,λ_m 为平均自由程,则

$$\lambda_m = \frac{v_m}{f} \tag{4-4-1}$$

所以
$$f = \frac{v_{\mathrm{m}}}{\lambda_{\mathrm{m}}} \tag{4-4-2}$$

由热力学原理可知
$$f = \sqrt{2} v_{\mathrm{m}} \frac{\pi d^2 p}{kT} \tag{4-4-3}$$

式中:d——分子有效直径;p——分子所处空间压力;T——分子所处环境温度;k——玻尔兹曼常数。

对比式(4-4-2)和式(4-4-3),则有
$$\lambda_{\mathrm{m}} = \frac{k}{\sqrt{2}\pi} \cdot \frac{T}{d^2 p} \tag{4-4-4}$$

分子运动自由程的分布规律可用概率公式表示为
$$F = 1 - \mathrm{e}^{\frac{-\lambda}{\lambda_{\mathrm{m}}}} \tag{4-4-5}$$

式中:F——自由程小于或等于λ_{m}的概率;λ_{m}——平均自由程;λ——分子运动自由程。

由式(4-4-5)可以看出,对于一群相同状态下的运动分子,其自由程大于平均自由程λ_{m}的概率为
$$1 - F = \mathrm{e}^{\frac{-\lambda_{\mathrm{m}}}{\lambda_{\mathrm{m}}}} = \mathrm{e}^{-1} = 36.8\%$$

三、实验装置和流程

分子蒸馏实验装置和流程如图 4-4-2 所示。

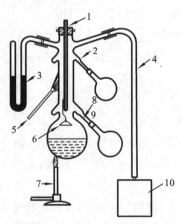

图 4-4-2　分子蒸馏实验装置

1—温度计;2—易挥发物收集导管;3—压力计;4—管道;5—空气喷嘴;
6—挡板;7—加热;8—蒸出物;9—收集导管;10—真空泵

四、实验操作要点

（1）熟悉装置及流程。

（2）将物料加入蒸馏釜，接通电源。

（3）观察釜内压力及温度，当压力达到 2.3 Pa，温度为 260 ℃时，开始计时，蒸馏时间为 1 h。

（4）切断电源，降压、降温。取出物料，分析测试。

天然维生素 E 产品指标见表 4-4-1。

表 4-4-1 天然维生素 E 的产品指标

项　目	指　标
性状	棕红色黏性油，气味温和
维生素 E 总含量/(%)	71.9
$\alpha-(\beta+\gamma+\delta)$型含量/(%)	≥80.0
酸度/(mg(KOH)/g)	≤1.0
铅含量/(mg/kg)	≤10
重金属含量(以 Pb 计)/(%)	≤0.004
旋光度 α_{D}^{25}	≥+20°

附　　录

附录 A　$p=101.3$ kPa 时乙醇溶液的物理常数(摘要)

浓度(15 ℃)		15 ℃时的相对密度	沸点/℃	比热容/(kJ/(kg·℃))		焓/(kJ/kg)		
体积分数/(%)	质量分数/(%)			α	β	饱和液体焓	干饱和蒸气焓	汽化潜热
10	8.05	0.986 7	92.63	4.422	0.008 32	446.1	2 581.9	2 135.9
12	9.69	0.984 5	91.59	4.443	0.008 40	447.1	2 556.5	2 113.4
14	11.33	0.982 2	90.67	4.452	0.008 44	439.1	2 529.9	2 091.5
16	12.97	0.980 2	89.83	4.460	0.008 48	435.6	2 503.9	2 064.9
18	14.62	0.978 2	89.07	4.464	0.008 53	432.1	2 477.7	2 045.6
20	16.28	0.976 3	88.39	4.456	0.008 57	427.8	2 450.9	2 023.6
22	17.95	0.974 2	87.75	4.448	0.008 61	424.0	2 424.2	1 991.1
24	19.62	0.972 1	87.16	4.439	0.008 69	420.6	2 306.6	1 977.2
26	21.30	0.970 0	86.67	4.431	0.008 82	417.5	2 371.9	1 954.5
28	24.99	0.967 9	86.10	4.422	0.008 99	414.7	2 345.7	1 930.9
30	24.69	0.965 7	85.66	4.410	0.009 15	412.0	2 319.7	1 907.7
32	26.40	0.963 3	85.27	4.393	0.009 48	409.4	2 292.6	1 884.1
34	28.13	0.960 8	84.92	4.376	0.009 61	406.9	2 267.2	1 860.5
36	29.86	0.958 1	84.62	4.360	0.009 86	404.7	2 241.7	1 836.9
38	31.62	0.955 8	84.32	4.339	0.010 12	402.4	2 215.1	1 812.7
40	33.39	0.952 3	84.08	4.276	0.010 37	400.0	2 188.4	1 788.4

注:比热容公式 $c=\alpha+\beta\dfrac{t_1+t_2}{2}$(kJ/(kg·℃)),$\alpha$、$\beta$ 系数从表中查出,t_1、t_2 为乙醇溶液的升温范围。

乙醇汽化潜热为 803.81 kJ/kg(78.3 ℃)。

附录 B　$p=1.013$ kPa 下乙醇蒸气的密度及比容(摘要)

蒸气中乙醇的质量分数/(%)	沸点/℃	密度/(kg/m³)	比容/(m³/kg)
70	80.1	1.085	0.921 6
75	79.7	1.145	0.871 7
80	79.3	1.224	0.815 6
85	78.9	1.309	0.763 3
90	78.5	1.396	0.716 8
95	78.2	1.498	0.666 7
100	78.33	1.592	0.622

附录 C　乙醇-水溶液气液平衡数据($p=101.325$ kPa)

液相组成		气相组成		
乙醇质量分数/(%)	乙醇摩尔分数/(%)	乙醇质量分数/(%)	乙醇摩尔分数/(%)	沸点/℃
0.01	0.004	0.13	0.053	99.9
0.10	0.04	1.3	0.51	99.8
0.25	0.055	1.95	0.77	99.7
0.30	0.08	2.6	1.06	99.6
0.40	0.12	3.8	1.57	99.5
0.50	0.16	4.9	1.98	99.4
0.60	0.19	6.1	2.48	99.3
0.70	0.23	7.1	2.80	99.2
0.80	0.27	8.1	3.33	99.1
0.90	0.31	9.0	3.75	99.0
0.95	0.35	9.9	4.12	98.9
1.00	0.39	10.1	4.21	98.75
2.00	0.79	19.7	8.76	97.65
3.00	1.19	27.2	12.75	96.65
4.00	1.61	33.3	16.34	95.8
5.00	2.01	37.0	18.68	94.95
6.00	2.43	41.0	21.45	94.15
7.00	2.36	44.6	23.96	93.35

续表

液相组成		气相组成		沸点/℃
乙醇质量 分数/(%)	乙醇摩尔 分数/(%)	乙醇质量 分数/(%)	乙醇摩尔 分数/(%)	
8.00	3.29	47.6	26.21	92.6
9.00	3.73	50.0	28.12	91.9
10.00	4.16	52.2	29.92	91.3
11.00	4.61	54.1	31.58	90.8
12.00	5.07	55.8	33.06	90.5
13.00	5.51	57.4	34.51	89.7
14.00	5.98	58.8	35.83	89.2
15.00	6.46	60.0	36.98	89.0
16.00	6.86	61.1	38.06	88.3
17.00	7.41	62.2	39.16	87.9
18.00	7.95	63.2	40.18	87.7
19.00	8.41	64.3	41.27	87.4
20.00	8.92	65.0	42.09	87.0
21.00	9.42	65.8	42.94	86.7
22.00	9.93	66.6	43.82	86.4
23.00	10.48	67.3	44.61	86.2
24.00	11.00	68.0	45.41	85.95
25.00	11.53	68.6	46.08	85.7
26.00	12.08	69.3	46.90	85.4
27.00	12.64	69.8	47.49	85.2
28.00	13.19	70.3	48.08	85.0
29.00	13.77	70.8	48.68	84.8
30.00	14.35	71.3	49.30	84.7
31.00	14.95	71.7	49.77	84.5
32.00	15.55	72.1	50.27	84.3
33.00	16.15	72.5	50.78	84.2
34.00	16.77	72.9	51.27	83.85
35.00	17.41	73.2	51.67	83.75
36.00	18.03	73.5	52.04	83.7
37.00	18.08	73.8	52.43	83.5
38.00	18.34	74.0	52.68	83.4
39.00	20.00	74.3	53.09	83.3
40.00	20.68	74.6	53.46	83.1
41.00	21.38	74.8	53.76	82.95
42.00	22.07	75.1	54.12	82.78

液 相 组 成		气 相 组 成		沸点/℃
乙醇质量 分数/(%)	乙醇摩尔 分数/(%)	乙醇质量 分数/(%)	乙醇摩尔 分数/(%)	
43.00	22.78	75.4	54.54	82.65
44.00	23.51	75.6	54.80	82.4
45.00	24.25	75.9	55.22	82.45
46.00	25.00	76.1	55.48	82.35
47.00	25.75	76.3	55.74	82.3
48.00	26.53	76.5	56.03	82.15
49.00	27.32	76.8	56.44	82.0
50.00	28.12	77.0	56.71	81.9
51.00	28.93	77.3	57.12	81.8
52.00	29.80	77.5	57.41	81.7
53.00	30.61	77.7	57.70	81.6
54.00	31.47	78.0	58.11	81.5
55.00	32.34	78.2	58.39	81.4
56.00	33.24	78.5	58.78	81.3
57.00	34.16	78.7	59.10	81.25
58.00	35.09	79.0	59.55	81.2
59.00	36.02	79.2	59.84	81.1
60.00	36.93	79.5	60.29	81.0
61.00	37.97	79.7	60.58	80.95
62.00	38.95	80.0	61.02	80.85
63.00	40.00	80.3	61.44	80.75
64.00	41.02	80.5	61.61	80.65
65.00	42.09	80.8	62.22	80.6
66.00	43.17	81.0	62.52	80.5
67.00	44.27	81.3	62.99	80.45
68.00	45.41	81.6	63.43	80.4
69.00	46.55	81.9	63.91	80.3
70.00	47.74	82.1	64.21	80.2
71.00	48.92	82.4	64.70	80.1
72.00	50.16	82.8	65.34	80.0
73.00	51.39	83.1	65.81	79.95
74.00	52.68	83.4	66.28	79.85
75.00	54.00	83.8	66.92	79.75
76.00	55.34	84.1	67.42	79.72
77.00	56.71	84.5	68.07	79.70
78.00	58.11	84.9	68.76	79.65
79.00	59.55	85.4	69.59	79.55
80.00	61.02	85.8	70.29	79.5

续表

液 相 组 成		气 相 组 成		沸点/℃
乙醇质量 分数/(%)	乙醇摩尔 分数/(%)	乙醇质量 分数/(%)	乙醇摩尔 分数/(%)	
81.00	62.52	86.0	70.63	79.4
82.00	64.05	86.7	71.86	79.3
83.00	65.64	87.2	72.71	79.2
84.00	67.27	87.7	73.61	79.1
85.00	68.92	88.3	74.69	78.95
86.00	70.63	88.9	75.82	78.85
87.00	72.36	89.5	76.93	78.75
88.00	74.15	90.1	78.00	78.65
89.00	75.99	90.7	79.26	78.6
90.00	77.88	91.3	80.42	78.5
91.00	79.82	92.0	81.83	78.4
92.00	81.88	92.7	83.26	78.3
93.00	83.87	93.5	84.26	78.27
94.00	85.97	94.2	86.40	78.2
95.00	88.13	95.05	88.13	78.17
95.57	89.41	95.57	89.41	78.15

附录 D　氨的平衡浓度

液相浓度/ (kg(NH_3)/100 kg(H_2O))	NH_3的平衡分压/mmHg					
	0 ℃	10 ℃	20 ℃	25 ℃	30 ℃	40 ℃
10	25.1	41.8	69.6	—	110	167
7.5	17.7	29.9	50.0	—	79.7	120
5	11.2	19.9	31.7	—	51.0	76.5
4	—	16.1	24.9	—	40.1	60.8
3	—	11.3	18.2	23.5	29.6	45
2.5	—	—	15.0	19.4	24.4	(37.6)
2	—	—	12.0	15.3	19.3	(30.6)
1.6	—	—	—	12.0	15.3	(24.1)
1.2	—	—	—	9.1	11.5	(18.3)
1	—	—	—	7.1	—	(15.4)
0.5	—	—	—	3.7	—	—

注:括号内的数值为外推值。

附录 E　液相浓度5%以下氨水溶液的亨利系数与温度关系

温度/℃	0	10	20	25	30	40
亨利系数	0.293	0.502	0.778	0.947	1.250	1.938

附录 F　氨的亨利系数

液相浓度 /(kg(NH$_3$)/100 kg(H$_2$O))	亨利系数					
	0 ℃	10 ℃	20 ℃	25 ℃	30 ℃	40 ℃
10	0.34	0.575	0.957	—	1.512	20.9
7.5	0.316	0.535	0.894	—	1.43	2.15
5	0.293	0.500	0.829	—	1.33	2.00
4	—	0.522	0.807	—	1.30	1.97
3	—	0.483	0.778	1.00	1.27	1.92
2.5	—	—	0.765	0.989	1.24	1.92
2	—	—	0.763	0.973	1.23	1.95
1.6	—	—	—	0.945	1.21	1.90
1.2	—	—	—	0.950	1.20	1.91
1	—	—	—	0.927	—	1.93
0.5	—	—	—	0.844	—	—

附录 G　苯甲酸在水和煤油中的平衡浓度

表 G-1　15 ℃时苯甲酸在水和煤油中的平衡浓度

x_R	y_E	x_R	y_E	x_R	y_E
0.001 304	0.001 036	0.001 502	0.001 090	0.001 699	0.001 136
0.001 369	0.001 059	0.001 568	0.001 113	0.001 766	0.001 159
0.001 436	0.001 077	0.001 634	0.001 131	0.001 832	0.001 171

表 G-2　20 ℃时苯甲酸在水和煤油中的平衡浓度

x_R	y_E	x_R	y_E	x_R	y_E
0.013 93	0.002 750	0.009 721	0.002 359	0.005 279	0.001 697
0.012 52	0.002 685	0.008 276	0.002 191	0.003 994	0.001 539
0.012 01	0.002 676	0.007 220	0.002 055	0.003 072	0.001 323
0.012 75	0.002 579	0.006 384	0.001 890	0.002 048	0.001 059
0.010 82	0.002 455	0.005 897	0.001 779	0.001 175	0.000 769

表 G-3　25 ℃时苯甲酸在水和煤油中的平衡浓度

x_R	y_E	x_R	y_E	x_R	y_E
0.012 513	0.002 943	0.007 749	0.002 302	0.004 577	0.001 690
0.011 607	0.002 851	0.006 520	0.002 126	0.003 516	0.001 407
0.010 546	0.002 600	0.005 093	0.001 816	0.001 961	0.001 139
0.010 318	0.002 447				

注：x_R——苯甲酸在煤油中的浓度，kg(苯甲酸)/kg(煤油)；y_E——对应的苯甲酸在水中的平衡浓度，kg(苯甲酸)/kg(水)。

附录 H　铜-康铜热电偶分度表

分度号：T　　　　　　　　　　　　　　　　　　　　　参考端温度：0 ℃

温度 /℃	0	1	2	3	4	5	6	7	8	9
	热电动势/mV									
−270	−6.258	—	—	—	—	—	—	—	—	—
−260	−6.232	−6.236	−6.239	−6.242	−6.245	−6.248	−6.251	−6.253	−6.255	−6.256
−250	−6.181	−6.187	−6.193	−6.198	−6.204	−6.209	−6.214	−6.219	−6.224	−6.228
−240	−6.105	−6.114	−6.122	−6.130	−6.138	−6.146	−6.153	−6.160	−6.167	−6.174
−230	−6.007	−6.018	−6.028	−6.039	−6.049	−6.059	−6.068	−6.078	−6.087	−6.096
−220	−5.889	−5.901	−5.914	−5.926	−5.938	−5.950	−5.962	−5.973	−5.985	−5.996
−210	−5.753	−5.767	−5.782	−5.795	−5.809	−5.823	−5.836	−5.850	−5.863	−5.876
−200	−5.603	−5.619	−5.634	−5.650	−5.665	−5.680	−5.695	−5.710	−5.724	−5.739
−190	−5.439	−5.456	−5.473	−5.489	−5.506	−5.522	−5.539	−5.555	−5.571	−5.587
−180	−5.261	−5.279	−5.297	−5.315	−5.333	−5.351	−5.369	−5.387	−5.404	−5.421
−170	−5.069	−5.089	−5.109	−5.128	−5.147	−5.167	−5.186	−5.205	−5.223	−5.242
−160	−4.865	−4.886	−4.907	−4.928	−4.948	−4.969	−4.989	−5.010	−5.030	−5.050
−150	−4.648	−4.670	−4.693	−4.715	−4.737	−4.758	−4.780	−4.801	−4.823	−4.844
−140	−4.419	−4.442	−4.466	−4.489	−4.512	−4.535	−4.558	−4.581	−4.603	−4.626

续表

温度 /℃	0	1	2	3	4	5	6	7	8	9
	热电动势/mV									
−130	−4.177	−4.202	−4.226	−4.251	−4.275	−4.299	−4.323	−4.347	−4.371	−4.395
−120	−3.923	−3.949	−3.974	−4.000	−4.026	−4.051	−4.077	−4.102	−4.127	−4.152
−110	−3.656	−3.684	−3.711	−3.737	−3.764	−3.791	−3.818	−3.844	−3.870	−3.897
−100	−3.378	−3.407	−3.435	−3.463	−3.491	−3.519	−3.547	−3.574	−3.602	−3.629
−90	−3.089	−3.118	−3.147	−3.177	−3.206	−3.235	−3.264	−3.293	−3.321	−3.350
−80	−2.788	−2.818	−2.849	−2.879	−2.909	−2.939	−2.970	−2.999	−3.029	−3.057
−70	−2.475	−2.507	−2.539	−2.570	−2.602	−2.633	−2.664	−2.695	−2.726	−2.757
−60	−2.152	−2.185	−2.218	−2.250	−2.283	−2.315	−2.348	−2.380	−2.412	−2.444
−50	−1.819	−1.853	−1.886	−1.920	−1.953	−1.987	−2.020	−2.053	−2.087	−2.120
−40	−1.475	−1.510	−1.544	−1.579	−1.614	−1.648	−1.682	−1.717	−1.751	−1.785
−30	−1.121	−1.157	−1.192	−1.228	−1.263	−1.299	−1.334	−1.370	−1.405	−1.440
−20	−0.757	−0.794	−0.830	−0.867	−0.903	−0.940	−0.976	−1.013	−1.049	−1.085
−10	−0.383	−0.421	−0.458	−0.496	−0.534	−0.571	−0.608	−0.646	−0.683	−0.720
0	−0.000	−0.039	−0.077	−0.116	−0.154	−0.193	−0.231	−0.269	−0.307	−0.345
0	0.000	0.039	0.078	0.117	0.156	0.195	0.234	0.273	0.312	0.351
10	0.391	0.430	0.470	0.510	0.549	0.589	0.629	0.669	0.709	0.749
20	0.789	0.830	0.870	0.911	0.951	0.992	1.032	1.073	1.114	1.155
30	1.196	1.237	1.279	1.320	1.361	1.403	1.444	1.486	1.528	1.569
40	1.611	1.653	1.695	1.738	1.780	1.822	1.865	1.907	1.950	1.992
50	2.035	2.078	2.121	2.164	2.207	2.250	2.294	2.337	2.380	2.424
60	2.467	2.511	2.555	2.599	2.643	2.687	2.731	2.775	2.819	2.864
70	2.908	2.953	2.997	3.042	3.087	3.131	3.176	3.221	3.266	3.312
80	3.357	3.402	3.447	3.493	3.538	3.584	3.630	3.676	3.721	3.767
90	3.813	3.859	3.906	3.952	3.998	4.044	4.091	4.137	4.148	4.231
100	4.277	4.324	4.371	4.418	4.465	4.512	4.559	4.607	4.654	4.701
110	4.749	4.796	4.844	4.891	4.939	4.987	5.035	5.083	5.131	5.179
120	5.227	5.275	5.324	5.372	5.420	5.469	5.517	5.566	5.615	5.663
130	5.712	5.761	5.810	5.859	5.908	5.957	6.007	6.056	6.105	6.155
140	6.204	6.254	6.303	6.353	6.403	6.452	6.502	6.552	6.602	6.652
150	6.702	6.753	6.803	6.853	6.903	6.954	7.004	7.055	7.106	7.156
160	7.207	7.258	7.309	7.360	7.411	7.462	7.513	7.564	7.615	7.666
170	7.718	7.769	7.821	7.872	7.924	7.975	8.027	8.079	8.131	8.183
180	8.235	8.287	8.339	8.391	8.443	8.495	8.548	8.600	8.652	8.705
190	8.757	8.810	8.863	8.915	8.968	9.021	9.074	9.127	9.180	9.233
200	9.286	9.339	9.392	9.446	9.499	9.553	9.606	9.659	9.713	9.767
210	9.820	9.874	9.928	9.982	10.036	10.090	10.144	10.198	10.252	10.306
220	10.360	10.414	10.469	10.523	10.578	10.632	10.687	10.741	10.796	10.851
230	10.905	10.960	11.015	11.070	11.125	11.180	11.235	11.290	11.345	11.401
240	11.456	11.511	11.566	11.622	11.677	11.733	11.788	11.844	11.900	11.956

温度/℃	0	1	2	3	4	5	6	7	8	9
	热电动势/mV									
250	12.011	12.067	12.123	12.179	12.235	12.291	12.347	12.403	12.459	12.515
260	12.572	12.628	12.684	12.741	12.797	12.854	12.910	12.967	13.024	13.080
270	13.137	13.194	13.251	13.307	13.364	13.421	13.478	13.535	13.592	13.650
280	13.707	13.764	13.821	13.879	13.936	13.993	14.051	14.108	14.166	14.223
290	14.281	14.339	14.396	14.454	14.512	14.570	14.628	14.686	14.744	14.802
300	14.860	14.918	14.976	15.034	15.092	15.151	15.209	15.267	15.326	15.384
310	15.443	15.501	15.560	15.619	15.677	15.736	15.795	15.853	15.912	15.971
320	16.030	16.089	16.148	16.207	16.266	16.325	16.384	16.444	16.503	16.562
330	16.621	16.681	16.740	16.800	16.859	16.919	16.978	17.038	17.097	17.157
340	17.217	17.277	17.336	17.396	17.456	17.516	17.576	17.636	17.696	17.757
350	17.816	17.877	17.937	17.997	18.057	18.118	18.178	18.238	18.299	18.359
360	18.420	18.480	18.541	18.602	18.662	18.723	18.784	18.845	18.905	18.966
370	19.027	19.088	19.149	19.210	19.271	19.332	19.393	19.455	19.506	19.577
380	19.638	19.699	19.761	19.822	19.883	19.945	20.006	20.068	20.129	20.191
390	20.252	20.314	20.376	20.437	20.499	20.560	20.622	20.684	20.746	20.807
400	20.869	—	—	—	—	—	—	—	—	—

附录 I 镍铬-康铜热电偶分度表

分度号:E   参考端温度:0 ℃

温度/℃	0	1	2	3	4	5	6	7	8	9
	热电动势/mV									
−270	−9.835	—	—	—	—	—	—	—	—	—
−260	−9.797	−9.802	−9.808	−9.813	−9.817	−9.821	−9.825	−9.828	−9.831	−9.333
−250	−9.719	−9.728	−9.737	−9.746	−9.754	−9.762	−9.770	−9.777	−9.784	−9.791
−240	−9.604	−9.617	−9.630	−9.642	−9.654	−9.666	−9.677	−9.688	−9.699	−9.709
−230	−9.455	−9.472	−9.488	−9.503	−9.519	−9.534	−9.549	−9.563	−9.577	−9.591
−220	−9.274	−9.293	−9.313	−9.332	−9.350	−9.368	−9.386	−9.404	−9.421	−9.438
−210	−9.063	−9.085	−9.107	−9.129	−9.151	−9.172	−9.193	−9.214	−9.234	−9.254
−200	−8.824	−8.850	−8.874	−8.899	−8.923	−8.947	−8.971	−8.994	−9.017	−9.040
−190	−8.561	−8.588	−8.615	−8.642	−8.669	−8.696	−9.722	−8.748	−8.774	−8.799
−180	−8.273	−8.303	−8.333	−8.362	−8.391	−8.420	−8.449	−8.477	−8.505	−8.533
−170	−7.963	−7.995	−8.027	−8.058	−8.090	−8.121	−8.152	−8.183	−8.213	−8.243
−160	−7.631	−7.665	−7.699	−7.733	−7.767	−7.800	−7.833	−7.856	−7.898	−7.931
−150	−7.279	−7.315	−7.351	−7.387	−7.422	−7.458	−7.493	−7.528	−7.562	−7.597
−140	−6.907	−6.945	−6.983	−7.020	−7.058	−7.095	−7.132	−7.169	−7.206	−7.243
−130	−6.516	−6.556	−6.596	−6.635	−6.675	−6.714	−6.753	−6.792	−6.830	−6.869
−120	−6.107	−6.149	−6.190	−6.231	−6.273	−6.314	−6.354	−6.395	−6.436	−6.476

续表

温度 /℃	0	1	2	3	4	5	6	7	8	9
	热电动势/mV									
−110	−6.680	−5.724	−5.767	−5.810	−5.853	−5.896	−5.933	−5.981	−6.023	−6.065
−100	−5.237	−5.282	−5.327	−5.371	−5.416	−5.460	−5.505	−5.549	−5.593	−5.637
−90	−4.777	−4.824	−4.870	−4.916	−4.963	−5.009	−5.055	−5.100	−5.146	−5.191
−80	−4.301	−4.350	−4.398	−4.446	−4.493	−4.541	−4.588	−4.636	−4.683	−4.730
−70	−3.811	−3.860	−3.910	−3.959	−4.009	−4.058	−4.107	−4.156	−4.204	−4.253
−60	−3.306	−3.357	−3.408	−3.459	−3.509	−3.560	−3.610	−3.661	−3.711	−3.761
−50	−2.787	−2.839	−2.892	−2.944	−2.996	−3.048	−3.100	−3.152	−3.203	−3.254
−40	−2.254	−2.308	−2.362	−2.416	−2.469	−2.522	−2.575	−2.628	−2.681	−2.734
−30	−1.709	−1.764	−1.819	−1.874	−1.929	−1.983	−2.038	−2.092	−2.146	−2.200
−20	−1.151	−1.208	−1.264	−1.320	−1.376	−1.432	−1.487	−1.543	−1.599	−1.654
−10	−0.581	−0.639	−0.696	−0.754	−0.811	−0.868	−0.925	−0.982	−1.038	−1.095
0	−0.000	−0.059	−0.117	−0.176	−0.234	−0.292	−0.350	−0.408	−0.466	−0.524
0	0.000	0.059	0.118	0.176	0.235	0.295	0.354	0.413	0.472	0.532
10	1.591	0.651	0.711	0.770	0.830	0.890	0.950	1.011	1.071	1.131
20	1.192	1.252	1.313	1.373	1.434	1.495	1.556	1.617	1.678	1.739
30	1.801	1.862	1.924	1.985	2.047	2.109	2.171	2.233	2.295	2.357
40	2.419	2.482	2.544	2.607	2.669	2.732	2.795	2.858	2.921	2.984
50	3.047	3.110	3.173	3.237	3.300	3.364	3.428	3.491	3.555	3.619
60	3.683	3.748	3.812	3.876	3.941	4.005	4.070	4.124	4.199	4.264
70	4.329	4.394	4.459	4.524	4.590	4.655	4.720	4.786	4.852	4.917
80	4.983	5.049	5.115	5.131	5.247	5.314	5.380	5.446	5.513	5.579
90	5.646	5.713	5.780	5.846	5.913	5.981	6.048	6.115	6.182	6.250
100	6.817	6.385	6.452	6.520	6.588	6.656	6.724	6.792	6.860	6.928
110	6.996	7.064	7.133	7.201	7.270	7.339	7.407	7.476	7.545	7.614
120	7.683	7.752	7.821	7.890	7.960	8.029	8.099	8.168	8.238	8.307
130	8.377	8.447	8.517	8.587	8.657	8.727	8.797	8.867	8.938	9.008
140	9.073	9.149	9.220	9.290	9.361	9.432	9.503	9.573	9.614	9.715
150	9.787	9.858	9.929	10.000	10.072	10.143	10.215	10.286	10.358	10.429
160	10.501	10.573	10.045	10.717	10.789	10.861	10.933	11.005	11.077	11.150
170	11.222	11.294	11.367	11.439	11.512	11.585	11.657	11.730	11.803	11.876
180	11.949	12.022	12.095	12.168	12.241	12.314	12.337	12.461	12.534	12.008
190	12.681	12.755	12.828	12.902	12.975	13.049	13.423	13.197	13.271	13.345
200	13.419	13.493	13.567	13.641	13.715	13.789	13.864	13.938	14.012	14.087
210	14.161	14.236	14.310	14.385	14.460	14.534	14.609	14.684	14.759	14.834
220	14.909	14.984	15.059	15.134	15.209	15.284	15.359	15.435	15.510	15.585
230	15.661	15.736	15.812	15.887	15.963	16.038	16.114	16.190	16.266	16.341
240	16.417	16.493	16.569	16.645	16.721	16.797	16.873	16.949	17.025	17.101
250	17.178	17.254	17.330	17.406	17.483	17.559	17.636	17.712	17.789	17.865
260	17.942	18.018	18.095	18.172	18.248	18.325	18.402	18.479	18.556	18.633

温度/℃	0	1	2	3	4	5	6	7	8	9
					热电动势/mV					
270	18.710	18.787	18.364	18.941	19.018	19.095	19.172	19.249	19.326	19.404
280	19.481	19.558	19.630	19.713	19.790	19.868	19.945	20.023	20.100	20.178
290	20.258	20.333	20.411	20.488	20.566	20.044	20.722	20.800	20.877	20.955
300	21.033	21.111	21.180	21.267	21.345	21.423	21.501	21.579	21.657	21.735
310	21.814	21.892	21.970	22.048	22.127	22.205	22.283	22.362	22.440	22.518
320	22.597	22.675	22.754	22.832	22.911	22.989	23.068	23.147	23.225	23.304
330	23.883	23.461	23.540	23.619	23.698	23.777	23.855	23.934	24.013	24.092
340	24.171	24.250	24.329	24.408	24.487	24.566	24.645	24.724	24.803	24.832
350	24.961	25.041	25.120	25.199	25.278	25.357	25.487	25.516	25.595	25.675
360	25.754	25.833	25.913	25.992	26.072	26.151	26.230	26.310	26.389	26.469
370	26.549	26.628	26.708	26.787	26.867	26.947	27.026	27.106	27.186	27.265
380	27.345	27.425	27.504	27.584	27.664	27.744	27.824	27.903	27.983	28.063
390	28.143	28.223	28.303	28.383	28.463	28.543	28.623	28.703	28.783	28.863
400	28.943	29.023	29.103	29.183	29.263	29.343	29.423	29.503	29.584	29.664
410	29.744	29.824	29.904	29.984	30.065	30.145	30.225	30.305	30.386	30.466
420	30.546	30.627	30.707	30.787	30.868	30.948	31.028	31.109	31.189	31.270
430	31.350	31.430	31.511	31.591	31.672	31.752	31.833	31.913	31.994	32.074
440	32.155	32.235	32.316	32.396	32.477	32.557	32.638	32.719	32.799	32.880
450	32.960	33.041	33.122	33.202	33.283	33.364	33.444	33.525	33.605	33.686
460	33.767	33.848	33.928	34.009	34.090	34.170	34.251	34.332	34.413	34.493
470	34.574	34.655	34.736	35.816	34.897	34.976	35.058	35.140	35.220	35.301
480	35.382	35.463	35.544	35.624	35.705	35.788	35.867	35.948	36.029	36.109
490	36.190	36.271	36.352	36.433	36.514	36.595	36.675	36.756	36.837	36.918
500	36.999	37.080	37.161	37.242	37.323	37.403	37.484	37.565	37.646	37.727
510	37.808	37.889	37.970	38.051	38.132	38.213	38.293	38.374	38.455	38.536
520	38.617	38.698	38.779	38.860	38.941	39.022	39.103	39.184	39.264	39.345
530	39.426	39.507	39.588	39.669	39.750	39.831	39.912	39.993	40.074	40.155
540	40.236	40.316	40.397	40.478	40.559	40.640	40.721	40.802	40.883	40.964
550	41.045	41.125	41.206	41.287	41.668	41.449	41.530	41.611	41.692	41.773
560	41.853	41.934	42.015	42.096	42.177	42.258	42.339	42.419	42.500	42.581
570	42.662	42.743	42.824	42.904	42.985	43.066	43.147	43.228	43.308	43.389
580	43.470	43.551	43.632	43.712	43.793	43.874	43.955	44.035	44.116	44.197
590	44.278	44.358	44.439	44.520	44.601	44.681	44.762	44.843	44.923	45.004
600	45.085	45.165	45.246	45.327	45.407	45.488	45.569	45.649	45.730	45.811
610	45.891	45.972	46.052	46.133	46.213	46.294	46.375	46.455	46.536	46.616
620	46.697	46.777	46.858	46.938	47.019	47.099	47.180	47.260	47.341	47.421
630	47.502	47.582	47.663	47.743	47.824	47.904	47.984	48.065	48.145	48.226
640	48.306	48.386	48.467	48.547	48.627	48.708	48.788	48.868	48.949	49.029
650	49.109	49.189	49.270	49.350	49.430	49.510	49.591	49.671	49.751	49.831

温度/℃	0	1	2	3	4	5	6	7	8	9
	热电动势/mV									
660	49.911	49.992	50.072	50.152	50.232	50.312	50.392	50.472	50.553	50.633
670	50.713	50.793	50.873	50.953	51.033	51.113	51.193	51.273	51.353	51.433
680	51.513	51.593	51.673	51.753	51.833	51.913	51.993	52.073	52.152	52.232
690	52.312	52.392	52.472	52.552	52.632	52.711	52.791	52.871	52.951	53.031
700	53.110	53.190	53.270	53.350	53.429	53.509	53.589	53.668	53.748	53.828
710	53.907	53.987	54.066	54.146	54.226	54.305	54.385	54.464	54.544	54.623
720	54.703	54.782	54.862	54.941	55.021	55.100	55.180	55.259	55.339	55.418
730	55.498	55.577	55.656	55.736	55.815	55.894	55.947	56.053	56.132	56.212
740	56.291	56.370	56.449	56.529	56.608	56.687	56.766	56.845	56.924	57.004
750	57.083	57.162	57.241	57.320	57.399	57.478	57.557	57.636	57.751	57.794
760	57.873	57.952	58.031	58.110	58.189	58.268	58.347	58.426	58.505	58.584
770	58.663	58.742	58.820	58.899	58.978	59.057	59.136	59.214	59.293	59.372
780	59.451	59.529	59.608	59.687	59.765	59.844	59.923	60.001	60.080	60.159
790	60.237	60.316	60.394	60.473	60.551	60.630	60.708	60.787	60.865	60.944
800	61.022	61.101	61.179	61.258	61.336	61.414	61.493	61.571	61.649	61.728
810	61.806	61.884	61.962	62.041	62.119	62.197	62.275	62.353	62.432	62.510
820	62.588	62.666	62.744	62.822	62.900	62.978	63.056	63.134	63.212	63.290
830	63.368	63.446	63.524	63.602	63.680	63.758	63.836	63.914	63.992	64.069
840	64.147	64.225	64.303	64.380	64.458	64.539	64.614	64.691	64.799	64.847
850	64.924	65.002	65.080	65.157	65.235	65.321	65.390	65.467	65.545	65.622
860	65.700	65.777	65.855	65.932	66.009	66.087	66.164	66.241	66.319	66.396
870	66.473	66.551	66.628	66.705	66.782	66.859	66.937	67.014	67.091	67.168
880	67.245	67.322	67.399	67.476	67.553	67.630	67.707	67.784	67.861	67.938
890	68.015	68.092	68.169	68.246	68.323	68.399	68.476	68.553	68.630	68.706
900	68.783	68.860	68.936	69.013	69.090	69.166	69.243	69.320	69.396	69.473
910	69.549	69.626	69.702	69.779	69.855	69.931	70.008	70.084	70.161	70.237
920	70.313	70.390	70.466	70.542	70.618	70.694	70.771	70.847	70.923	70.999
930	71.075	71.151	17.227	71.304	71.380	71.456	71.532	71.608	71.683	71.759
940	71.855	71.911	71.987	72.063	72.139	72.215	72.290	72.366	72.442	72.518
950	72.593	72.669	72.745	72.820	72.896	72.972	73.047	73.123	73.199	73.274
960	73.350	73.425	73.501	73.576	73.652	73.727	73.802	73.878	73.953	74.029
970	74.104	74.179	74.255	74.330	74.405	74.480	74.556	74.631	74.706	74.781
980	74.857	74.932	75.007	75.082	75.157	75.232	75.307	75.382	75.458	75.533
990	75.608	75.683	75.758	75.833	75.908	75.983	76.058	76.133	76.208	76.283
1 000	76.358	—	—	—	—	—	—	—	—	—

参考文献

[1] 李然,李秋先,王承学,等. 化工原理实验[M]. 长春:吉林大学出版社,2002.

[2] 杨祖荣. 化工原理实验[M]. 北京:化学工业出版社,2004.

[3] 史贤林,田恒水,张平. 化工原理实验[M]. 上海:华东理工大学出版社, 2005.

[4] 冯晖,居沈贵,夏毅. 化工原理实验[M]. 南京:东南大学出版社,2003.

[5] 张金利,张建伟,郭翠梨,等. 化工原理实验[M]. 天津:天津大学出版社, 2005.

[6] 大连理工大学化工原理教研室. 化工原理实验[M]. 大连:大连理工大学出版社,2008.

[7] 郑旭煦,杜长海. 化工原理(上、下册)[M]. 2版. 武汉:华中科技大学出版社,2009.

[8] 陈敏恒,丛德滋,方图南,等. 化工原理(上、下册)[M]. 北京:化学工业出版社,2003.

[9] 姚玉英,陈常贵,柴诚敬,等. 化工原理(上、下册)[M]. 天津:天津大学出版社,2002.

[10] 杨祖荣. 化工原理[M]. 北京:化学工业出版社,2004.

[11] 柴诚敬,张国亮. 化工流体流动与传热[M]. 北京:化学工业出版社,2000.

[12] 贾绍义,柴诚敬. 化工传质与分离过程[M]. 北京:化学工业出版社,2001.

[13] 房鼎业,乐清华,李福清. 化学工程与工艺专业实验[M]. 北京:化学工业出版社,2000.

[14] 冯亚云. 化工基础实验[M]. 北京:化学工业出版社,2000.

[15] 郭庆丰,彭勇. 化工基础实验[M]. 北京:清华大学出版社,2004.

[16] 朱明华. 仪器分析[M]. 北京:高等教育出版社,2000.

[17] 厉玉鸣. 化工仪表及自动化[M]. 北京:化学工业出版社,2008.

[18] 刘光永. 化工开发实验技术[M]. 天津:天津大学出版社,1994.

[19] 贾沛璋. 误差分析与数据处理[M]. 北京:国防工业出版社,1997.

[20] 江体乾. 化工数据处理[M]. 北京:化学工业出版社,1984.

[21] 陈同芸,瞿谷仁,吴乃登. 化工原理实验[M]. 上海:华东理工大学出版社, 1999.